新加坡的環保創業

逐綠獅城
落地生根

李瑞武 著

在都市叢林中開創生態未來，ESG 背景下的企業轉型與發展

在全球化和城市化的浪潮中，實現企業的綠色轉型
並在此過程中獲得更長遠的商業成功——

不僅是懷揣夢想、追求理想的二次創業故事
更是對和諧生活的深入洞察及對環保理念的執著追求

目錄

序一　獅城小紅點誕生新興綠色企業
　　　——O2WORK、SINGRASS

序二　心有遠景，逐綠追夢

序三　還有什麼比願力更有力的嗎？

序四　向光而生，不畏山海

序五　室內生態，以人為本

序六　跟一位智者學習

自序　道法自然

第一章　心有遠景，逐綠追夢　我的二次創業故事
　　　　推薦語……………………………………………………035
　　　　事業轉型，結緣生態修復………………………………036
　　　　兩段生態調查經歷………………………………………041
　　　　與其求人渡己，不如自己擺渡…………………………046
　　　　創業，讓空氣更美好……………………………………050
　　　　共享辦公將革星巴克的命………………………………056

目錄

人工作的室內空間…………………………………………061

成功始於高標準嚴要求……………………………………066

「無味」和「有味」之間……………………………………070

改行種菜,與國同夢………………………………………075

不念過往,不畏將來………………………………………080

六個「零」的室內智慧生態系統……………………………086

第二章　長路漫漫,上下求索　打造企業經營理念

推薦語………………………………………………………093

不設 logo,客戶至上………………………………………094

精準定位,掌好企業前行的舵………………………………099

讓每個員工成為品牌宣傳員…………………………………106

智慧化當以人為本…………………………………………113

阿米巴經營…………………………………………………120

信譽是企業生存和發展的基石………………………………131

篤實力行才是工作的捷徑……………………………………135

學會和產品親密接觸………………………………………140

日事日畢,日清日高………………………………………145

第三章　懷感恩回首過去,抱使命展望未來

推薦語………………………………………………………151

念親恩思處世根本,樹家風立創業基石……………………152

　　　　為何付出一定會有回報？……………………………………… 161
　　　　華商精神，閃耀南洋 …………………………………………… 166
　　　　走出疫情：變革與展望 ………………………………………… 175

第四章　治理室內汙染，獨創解決方案
　　　　推薦語 …………………………………………………………… 187
　　　　直面人類第三汙染期，打造綠色可永續室內環境 ………… 188
　　　　O2WORK 室內環境生態設計標準 …………………………… 208
　　　　SINGRASS 室內智慧生態系統四重價值圖解 ……………… 220

第五章　「學習與思考」創業心得摘錄
　　　　推薦語 …………………………………………………………… 225
　　　　觀自我 …………………………………………………………… 227
　　　　觀業態 …………………………………………………………… 235
　　　　觀同業 …………………………………………………………… 240
　　　　觀人心 …………………………………………………………… 243
　　　　觀天下 …………………………………………………………… 246
　　　　觀未來 …………………………………………………………… 248

後記

序一
獅城小紅點誕生新興綠色企業
——O2WORK、SINGRASS

　　本書講述的是新興綠色企業O2WORK、SINGRASS在獅城小紅點誕生、成長、發展的創業故事，此書的內容也是身為作者、企業家和新加坡新移民的李瑞武先生二次創業的心路歷程。

　　我與李瑞武先生是他2012年在NUS商學院上EMBA課程的時候認識的，畢業以後同學們都十分忙碌，大家也就聯絡得比較少，後來瑞武他到底做了些什麼事情或從事哪方面的業務其實我不會太清楚，一直到今天細讀了這本書，我才知道，原來他為二次創業O2WORK、SINGRASS做了這麼多的鋪陳，看完了瑞武的手稿，我特別開心，因為我很喜歡他對創新創業認真、執著的態度，身為一名教育工作者我也感到特別欣慰！

　　創新創業看似光鮮亮麗，其實是一條萬分艱辛且極為不易的路，成功的創新創業者不但需要具備敏銳的商業洞察力、超強的組織和執行能力、豐富的管理經驗和領導力，還須有過人的膽識和勇氣，必須具備了以上所有這些條件並同時擁有足夠的底氣才能做到兵來將擋、水來土掩，點石成金、化腐朽為神奇的企業家（entrepreneur）！我覺得李瑞武就是這樣一位企業家，他秉著真心和熱忱，認真、負責地為我們帶來令人耳目一新的「O2WORK生態共享辦公空間」以及「SINGRASS：『點睛』室內環境與城

序一　獅城小紅點誕生新興綠色企業─O2WORK、SINGRASS

市 ESG 解決方案」的新興綠色產業，為我們創造更優質的生活環境，更環保和可永續的蔬菜種植和物流配送方式，並結合兩者的優勢在綠色產業中不斷的更新、不停的創造新價值。

　　在這本書裡，我看到了李瑞武二次創業的初心，也看到了他為之所付出的努力，這份用心令我感動不已。此書所涉及的內容十分寬廣全面，它記載了瑞武創業的軌跡，包括他如何「事業轉型，結緣生態修復」，如何因為有了「兩段生態調查研究經歷」而為日後創業墊下基礎。瑞武也以專業經理人的角度暢談「長路漫漫，上下求索──打造企業經營理念」，分享他獨到的管理心得和經驗，值得讀者細品。此外，瑞武也分享了「治理室內汙染，獨創解決方案」，其中的科學理論和資料都是扎扎實實的好料！

　　新興綠色企業 O2WORK、SINGRASS 承載了李瑞武多年的心血，陳述著他之前走過的康莊大道和羊腸小徑。瑞武更不忘在本書中「懷感恩回首過去，抱使命展望未來，念親恩思處世根本，樹家風立創業基石」，與讀者談到疼愛自己的父母家人、妻子兒女，關心及愛護自己的同學，肝膽相照的事業夥伴，正因為有了他們作為自己最堅實的後盾，創業道路上的風景也已全然不同！

　　瑞武是一位喜歡學習、熱愛學習、善於思考的優秀企業家，他在書中的最後一章總結了他三十多年來的創業心得，摘錄針對「觀自我」、「觀業態」、「觀同業」、「觀天下」、「觀未來」等話題侃侃而談，我覺得其深度和廣度都值得我們學習、思索和探討。

　　最後，祝賀李瑞武的新書出版，也祝福新興綠色企業 O2WORK、

SINGRASS 在獅城小紅點茁壯成長，業績蒸蒸日上，碩果纍纍，期待 O2WORK、SINGRASS 日後以小紅點為起點躋身世界優秀綠色企業之列！

梁慧思

新加坡國立大學副教務長（碩士課程及終身教育）

新加坡國立大學永續與終身教育學院院長

新加坡國立大學策略與政策系教授

序一　獅城小紅點誕生新興綠色企業─O2WORK、SINGRASS

序二
心有遠景，逐綠追夢

　　在當今資訊爆炸，社群媒體氾濫的時代，要讓人靜下心來好好讀一本書實在不容易。而收到瑞武寄來的這本書的電子稿，開啟之後，一股清流讓我卻是欲罷不能，幾乎一口氣讀完此書。

　　我和作者李瑞武先生十幾年前相識。當初他經校友推薦，報讀我負責的南洋理工大學南洋公共管理研究生院的管理經濟學碩士課程。他畢業後定居新加坡，從此我們便結成了知己好友，一直保持密切聯絡。我自以為對他很是熟悉。可讀完此書後，對他有了更深刻的認識。深為他的執著、他的理念、他的勇氣、他的眼光、他的才華等所折服。

　　與眾多的勵志雞湯書籍不同，瑞武用簡單樸實，卻生動有趣的語言描述了他兩次創業的艱辛，記載了他的心路之旅，分享了他的成功經驗。正如瑞武書中所云：「一本好書往往凝聚著作者多年甚至畢生的心血，這是那些速成的速食式的網路資訊所無法比擬的。」此書濃縮了瑞武三十年來艱苦創業的經驗累積沉澱和創業路上反覆求索的思考心得和他摸索、探索學習的過程，可讀性極高。

　　瑞武來自大草原，天生具備了北方漢子開闊的胸懷和一身的豪氣。他猶如鴻雁向蒼天，這次大膽跨行創業，勇於涉足探索全新行業。正如他自己所述：「心有遠景，逐綠追夢。」本書生動地記錄了他「自強不息懷壯志以長行，厚德載物攜夢想而撫凌」可歌可泣的經歷。

序二　心有遠景，逐綠追夢

讀了此書，可以發現瑞武描述的他兩次創業的成功經驗，其實是建立在瑞武不斷嘗試、上下求索、勇於創新的基礎之上。讀了此書，我對所謂創新也有了新的理解，創新不一定是要做出什麼驚人的發明。能在平凡之處發現新的亮點，加以發揚光大便是創新。此書描述的瑞武的創業史便是個很好的例子。

讀了此書的另一個感想就是能夠把細節做好，便是成功。我一貫認為成功就是重複做容易的事。把複雜的事情，簡單去做，把簡單的事情，重複去做，把重複的事情，用心認真去做。篤實力行才是工作的捷徑。書中列舉的種種細節之處可見成敗的例子，為讀者們樹立了很好的榜樣。

作者書中極為推崇的稻盛和夫曾經提出過一個成功公式：成功＝態度 × 能力 × 努力。三個因素中，態度最為重要。著名的美式足球教練 Lou Holtz 也說過：「能力是你能做什麼，動機決定你做什麼，態度決定你做得如何。」瑞武兩次成功經驗中處處展現了他一絲不苟，求真、求實、求美的認真態度。世界上怕就怕「認真」二字。我相信正是瑞武的這種認真態度，造就了他兩次創業的成功。

墨子在〈親士〉篇裡提出「夫霸業之所始也，以人為本」。創業之始，業者往往陷於節源降本之困境中。瑞武則在創業之旅中始終秉承以人為本的經營理念。不僅贏得了員工們的忠誠，更獲得了客戶的信任。

長路漫漫，上下求索之，瑞武已經成功進行了兩次創業。希望他能再接再厲，實現他的「以夢為馬，逐綠獅城」的理想！

吳偉博士
南洋理工大學南洋公共管理研究生院創院院長
新中經貿科技文化交流協會會長

序三
還有什麼比願力更有力的嗎？

　　李瑞武和我是新加坡國立大學 EMBA 的同學，我很榮幸收到為其新書作序的邀約，收到文稿便迫不及待地開始閱讀，領略瑞武同學的企業家風采，以望從中受到啟發，做好自己的事。

一

　　創業創新無止境，幾乎是國際上著名大學的共同意志，當然也是成功創業者的必備素養和不竭願力。在新國大組織的歷次企業實踐中，我們常在一起奔波、探討，總是被隱祕的創業新知和創新真諦所吸引，可謂逐夢其中，樂在其中。

　　做什麼行業很重要，如同俗話說的「男怕入錯行」，因為「行」對應著人的天賦和潛質。瑞武在書中分享選「行」的挫折與困惑，比如眼看著有豐厚利潤的鋼貿生意無力入手而不得不改行放棄時，讓人非常燒心，感到痛惜。

　　而更讓人焦慮的是選擇新的創業目標之後，該怎樣抓住機會，怎樣做好專案，才能成為行家裡手。

　　多番考察論證之後，瑞武毅然選擇在「生態共享辦公空間」領域深

序三　還有什麼比願力更有力的嗎？

耕，取名 O2WORK，二次創業。抱著必勝的信念，他開始系統性地自學植物學、土壤學、生態學、生態修復、營養學等專業課程，並深入地感知領悟稻盛、松下、豐田等優秀企業家的現場管理哲學，在建構專業知識的同時，重塑認知和信心，啟動激發內驅力發掘創新潛力，為接下來的創業奠定基礎。

瑞武講過一段「雲端學習」的故事。有一次，他跟同事一起出差，上了飛機後，同事吃完航空餐就睡，而他則翻開課本學習。同事一覺醒來，他還在看書，再睡一覺醒來，他仍然在那聚精會神地看書，以為是什麼精彩的故事，看得這麼津津有味，等看到書名，這位同事驚訝不已：「看這些書不會犯睏嗎？」他說：「不睏，就跟別人看小說一樣，越看越有味道，像換了個人似的，精力充沛不竭。」人最有魅力的時候就是認真做事的時候，能想像得到，有那雙渴望知識的眼神，該是一尊怎樣動人心魄的雕像！一團火！

自我更新，一如鳳凰涅槃，一如老鷹重生，絕非易事，不僅要學習新知識，鍛鍊新體魄，還要革除舊觀念，改掉舊習慣，才能以新的生命輕裝上陣從頭開始。

創業要學習，再創業要再學習。

都說勤為徑、苦作舟，在不斷創業的路上，還有什麼比切切於心的願力更有力的嗎？

二

　　北冥有魚，其名為鯤，化而為鵬，翱翔南洋。

　　李瑞武離開大草原到新加坡求學、創業。可是，繁華擁擠的新加坡還有什麼生存空間是屬於自己的？

　　創業要從大處著眼，小處著手。當今所有的文明行政都很重視解決環境問題，諸如大到「雙碳」，小到尾氣，荒野的礦山修復、都市的綠色辦公。用企業家的眼光推拉搖移，瑞武銳目獨到，商機在握。

　　很多人去星巴克並不是為了喝咖啡，瑞武也是如此，他常去家附近的星巴克是為了辦公，因為星巴克涼爽、幽靜、空氣好。坐在星巴克，他無意中發現原來這裡正是共享辦公空間的桃花源而觸及靈感，竟然揮手預測道：如果未來有誰能對星巴克構成衝擊，那一定是共享辦公空間，是O2WORK！

　　怎樣讓O2WORK的「室內智慧生態屏風」更自然、更實用？怎樣讓O2WORK對上國家政策順勢而為？他們一會腦力激盪，一會心態歸零，一會欣喜若狂，朝著前進方向，抑或原地打轉，抑或日行千里。這一個個的偶然性裡確實有必然性，而必然性則脫胎於煉獄，產生於不懈地堅持之中。

　　時代的需求，當是創新哲學的主題。兩年前，新加坡建設局為「生態共享辦公空間營運商」O2WORK頒發綠建築標章認證（Green Mark）超金獎（Gold Plus〔金+〕）。當時O2WORK是新加坡第一且唯一獲得此認證的品牌，也是最高標準的共享辦公空間標竿。樹標竿，是時代的需求，因為人們的生活離不開創新。

　　誰都想在綠色環境中辦公，有利健康、延年益壽。新概念「共享辦公

015

序三　還有什麼比願力更有力的嗎？

空間」催生的一個新行業，已介入人們主流的辦公方式中。有媒體預測，新加坡「共享辦公空間」占有率很快將劇增到 25%，未來幾年是加快對靈活辦公空間投資的風口期。這裡能聽到 O2WORK 成長的聲音！

　　滿足人們追求更體面的工作環境，O2WORK 會越來越好。瑞武透過各種管道研究世界各國家的共享辦公模式，在對比分析中尋找最優的解決方案。他堅信，如果辦公空間不能做到以人的身心健康為本，那麼再好的設施，再多的功能也是捨本逐末。

三

　　成功始於高標準嚴要求，這是李瑞武的創業心勁願力。

　　例如，裝修的水有多深？不少人都經歷過，知道內情的還真不多。第一個「生態共享辦公空間」的打造，就要展示出自己的高標準，為了試探裝修市場的深淺，摸著石頭過河。

　　一般人都是貨比三家。瑞武的實踐顯示，這是個失誤，他要「貨比三檔，每檔再比三家」才有意義。他的邏輯是，找裝修公司不是田忌賽馬，因為最終目的不是為了把這些公司分出個高下勝負，而是要在權衡比較中找到最適合自己品質和預算要求的裝修公司。

　　這說的其實是採購，是個大事。裡面還延伸一個問題故事：

　　做第一個空間時，他們選了一個自認為很可靠的裝修公司，因為對方有裝修共享辦公空間方面的經驗。但在工程做到一半的時候，才知道這家公司以前的設計人員和工程監理人員，裹挾著技術團隊，被別家一鍋端走

了。換句話說，這家公司甚至連會議室和老闆辦公室的嚴格隔音也不懂，反倒在他這裡摸石子過河，把他們當試驗品。

他的對策是什麼？書裡有詳細交代。

「如果我們創業初始就在行動上和精神上都全力以赴，面對每個問題都竭盡所能去尋找最好的解決方案，不因事雜而懈怠，不以物微而疏忽，那成功的機率就非常高了。」這種富有哲理的語句，書中隨手可採擷，關於企業定位的、行銷策略的、商人精神的……

採購的另一端，是銷售，面對客戶。

一天，正在開放第一個模範空間時，來了一位懷孕的客戶，瑞武向她介紹 O2WORK 的材料優勢和環保理念。這位客戶說：「沒聞到你們施工的化學異味，這樣的空間好難找啊。」這句話給了瑞武無比信心，他說：「證明我們做得好啊，她以嚴格的高標準看了幾家，她唯獨中意我們。」後來這位客戶還熱心地引進多家歐洲公司前來入駐，真是帶來了好采頭，而且一直紅到現在。

是的，吉人天相，預示著 O2WORK 必將永續開枝散葉，必將紅向未來。

本書記載著李瑞武同學新奇的創業故事、深刻的創業理念，啟迪人、鼓舞人，值得識悟。

董李博士
企業家

序三　還有什麼比願力更有力的嗎？

序四
向光而生，不畏山海

　　得知李瑞武校友的創業自傳即將付梓，甚感欣慰。我與瑞武的相識頗有戲劇性。2012 年的 7 月，瑞武剛剛加入新國大中文 EMBA 課程 21 班，開學晚宴結束後，我們一起在飯店門口等計程車時攀談了幾句。瑞武以為我是課程辦公室請的學生助理，第二天進了教室，才知道原來我就是授課的老師。時光荏苒，這個烏龍成為了同學中流傳了十多年的笑談，也讓我和瑞武成了十多年的老朋友。

　　瑞武十分細心，言談舉止謙和有禮、溫潤有加，與之交談頗有如沐春風之感。瑞武在課堂上神情專注，發言不多，但是每有觀點，往往一語中的。在校期間，我與瑞武交流並不算特別頻密，隨著瑞武在新加坡扎根發展，才對其人有了愈加全面而立體的了解。

　　瑞武的自傳闡述了他十多年來在新加坡二次創業的歷程與心得。他特別提到喜歡豐子愷的那一句「不畏將來，不念過往」。這樣的雞湯有多數人引為座右銘，但是能實踐者鳳毛麟角，而瑞武的二次創業經歷卻堪稱這句話完美的注腳。眾所周知，能加入新國大 EMBA 課程的同學都是成功人士，在各自的領域都有深厚的根基。過往的成功既是財富，但也經常是未來轉型的羈絆，人往往在自己的舒適圈裡被困住頭腦和手腳，或是昧於環境的變化，或是缺少求變的決斷，終被時代拋棄。瑞武則是罕見的例外。當年入學的時候還是來自大草原的鋼貿商，在接近知天命之年果斷開

序四　向光而生，不畏山海

始其二次創業之旅，如今已經是共享辦公行業的佼佼者，二次下南洋之說現在是一時風尚，而瑞武卻已經成了在新加坡、東南亞深耕十二年之久的先行者，很多企業仍然考察不亦樂乎，行動卻畏首畏尾，出海還停留在嘴上，瑞武已經站穩了腳跟，並把拓展的目光投向了中東、北美的市場。

在我看來，瑞武今天的成功，大致可以歸結成四個方面突出的特質：審時度勢、因勢利導、永續學習、身體力行。

瑞武帶著清晰的目標來參加新國大的學習，既透過課堂的學習開拓思路，更要透過實地考察在東南亞尋找發展機會。鋼貿這個行業在4兆的盛宴中接基建和房地產的投資熱潮盡享紅利，而瑞武能在盛世預見民營鋼貿商未來的困境，並因此及時謀劃未來的轉型，顯示出了十分難得的清醒與敏銳。機會都是留給有準備的人的，瑞武在東南亞扎根的決心、其廣泛的調查研究和深入思考讓他迅速實現了與優質資源的快速整合，他與同班同學王昭明達成合作，幫助其公司在東南亞實現技術推廣與商業開發，助力實現國際化，從此開啟了他二次創業的旅程。

瑞武的二次創業並非一帆風順，由於不同國家的發展階段和市場環境的不同，原先設想的礦山修復技術輸出困難重重。瑞武在逆境中並未氣餒，透過自己尋找辦公室的體驗又迅速發現了共享辦公空間的市場機會。我和瑞武都是過敏性鼻炎的受害者，平時還會交流治療的經驗。瑞武的鼻炎正是來自於辦公室環境的生理影響，痛苦之餘，這段經歷讓瑞武發現了人在辦公空間中面臨的痛點，並找到符合自身資源條件的創造性解決方案，就是把生態技術融入辦公環境的建設，以植物群落對室內空氣的淨化來創造清新宜人的辦公環境。這一創意讓他的O2WORK在市場眾多競品中能夠脫穎而出，創造性地為生態修復技術資源找到全新的應用場景！隨後又透過對室內綠植生長的觀察創造性地進軍都市生態農業，瑞武的每一

步創新,都是對現有資源在適當場景之下的系統整合,既展現了充分的想像力,更來自於對環境的洞察。

　　瑞武對共享辦公空間這一商業模式的思考極具洞見。過去共享辦公間營運模式強調生態建構和社交功能,將辦公空間營運與投資孵化混為一談,瑞武迅速發現其中定位不清的弊病,把精力集中於設計與營運,建構以人為本的「人工作的室內空間」,能夠以獨立的思考來精準辨識行業的本質、清醒地辨識自身的局限與優勢,這才讓他得以從一個外行迅速成為市場上領先的營運商,並找到可複製有門檻的成功模式,可以在更廣闊的市場空間得以發揮用武之地。

　　當初瑞武從鋼貿轉向生態修復,也曾經讓我大吃一驚,如此跨界如何可能,這個疑問在這本自傳中找到了答案。對瑞武的創業經歷讀下來,除了他對商業模式思考所帶來的啟發,我深感學到了大量的植物學與生態學的知識,了解到了許多生活場景背後的科學邏輯,這些豐富的專業知識累積都來自於瑞武的永續學習。自從決定開始與相關公司合作,瑞武就開始認真學習相關知識,找到行業專家請教,甚至把土壤學、植物學教材找來,廢寢忘食地閱讀,不但不嫌枯燥,反而樂在其中,好像讀小說一樣享受,所謂知之不如好之,好之不如樂之,瑞武的經歷就是其注腳。新國大倡導終身學習,我想瑞武正是一位榜樣,正是永續的學習幫助他成功地實現轉型,與時俱進,不斷煥發新生。瑞武當年做財務出身,但是當年進入商品貿易企業時,就並不是把自己局限在帳本上的數字裡,而是對鋼材的生產和特質做了深入的了解,這才讓他能最終獨當一面、自立門戶,成長為一位企業家。

　　瑞武更讓人印象深刻的一點,是他在實踐中的腳踏實地、親力親為。許多聰明人都能有輝煌宏大的設想,但是缺少付諸實踐的行動力和吃苦耐

序四　向光而生，不畏山海

勞的精神。瑞武在東南亞四處推廣環保專案，皮膚長期曝晒受到了嚴重的傷害，一度必須裹起來不敢讓人看到。瑞武在書中盛讚老一代南洋華商的堅韌，這既是致敬與欽慕，也是一種同聲相應、惺惺相惜。瑞武在開始進入共享辦公空間營運市場後，並非當遙控指揮的老闆，而是一手一腳地從裝修開始做起，既實現了成本的最佳化，也讓他對設計和裝修的各種環節瞭如指掌，對辦公空間的營運投資也就有了更為獨到深刻的理解。

新國大EMBA課程裡優秀的同學和校友數不勝數，但是瑞武二次創業的經歷實屬難能可貴。瑞武的生態共享辦公空間正在迎來龐大的發展機會，遠距團隊與靈活辦公正在加速發展為趨勢，而疫情的衝擊卻又讓我們重新了解到人與人交流的不可或缺。同時，隨著對健康與ESG的關注日益提升，更讓以生態技術來賦能的O2WORK獨樹一幟。為瑞武感到欣喜之餘，還是會感慨那一句老生常談的「機會總是留給有準備的人」。誠不我欺，正是瑞武永續的努力與不懈的學習讓他保持著創業的活力、創新的銳氣以及創造的靈感。這本自傳的問世可謂正當其時，既是對其十二年來上下求索的珍貴總結，更會對許多未來創業者帶來強大的激勵與幫助，對許多來到海外謀求發展的企業家帶來啟發，更會在所有追求進步、不甘沉淪的人心中激發深切的共鳴。

瑞武未來的創業旅程未必會一帆風順，或許會經歷更多的艱難險阻，但是我相信他必會迎難不畏，成就更強大的自我，實現更圓滿的人生。

傅強

新加坡國立大學商學院策略與政策系教授

中文EMBA課程學術主任

序五
室內生態，以人為本

　　這些年，有許多關於企業家故事的書籍出版。這本書的獨特之處在於，53 歲的作者李瑞武發現了自己的人生使命，即透過涉及健康工作環境的綜合解決方案來改善人們的生存環境。李先生將自己的個人成長和轉型與 O2WORK 業務的發展交織在一起，李先生強烈的自學和自我完善的價值觀引導他擴大 O2WORK 的業務，並將 SINGRASS 納入其中，為城市居民提供最新鮮、無公害、免溯源的葉菜，並成為他針對室內環境和城市 ESG 的綜合解決方案的一部分。

　　企業家的故事通常側重於進入市場的方法，也涉及商業挑戰，以及企業家如何克服這些障礙以獲得成功。這本書涵蓋了這些挑戰，並以飽含情感的方式描述了他母親的去世以及他因新冠大流行而無法返回本國的經歷。

　　通常，由於成長帶來的刺激，企業家會追逐快速成長的商機。很少有企業家像李先生一樣，懷揣著創造健康工作場所的願景，如此罕見。他的想法是，在工作場所，人們可以感到精神愉悅，可以呼吸清新的空氣，並處於人、室內環境、植物群落良性互動的和諧自然環境中，這及時提醒我們應該關注什麼：培養人才，而不是關注創業成功的傳統衡量標準。這本書是所有希望改變生活環境的有抱負的企業家必讀的書。

Virginia Cha 教授

新加坡國立大學商學院兼職教授

新加坡麻省理工學院研究與技術聯盟學術主任

序五　室內生態，以人為本

序六
跟一位智者學習

　　因為我的研究教學領域是策略管理跟可永續發展，所以一直對於綠色、環保、社會責任等課題非常感興趣。後來有機會跟瑞武總相識，大有相見恨晚的感覺。儘管我們是學術與商業兩個完全不同的行業，卻能發現很多做事做人的感悟都是相通的。因此，當我收到本書草稿的時候，就抱著很大的興趣讀了起來。這本書不但讓人獲益良多，而且如一盞好茶，值得慢慢品味，久久回味。

　　因為工作原因，我經常接觸形形色色的企業家。有時也會感嘆，一位成功的企業家就好像一本厚厚的無形的書，書裡面具備了關於企業管理的各種答案，但是讀者必須知道如何問問題以及去哪裡找尋答案，否則哪怕就在企業家身邊，也會如入寶山空手而歸。多次跟瑞武總交流，每次都有新的收穫，但他這本無形的書，又總感覺還有很多東西沒有學到。而現在這本書，他巧妙地把企業管理的很多關鍵問題一個一個像珍珠一樣串了起來，娓娓道來，彷彿牽著讀者的手走了一趟創業之旅；又如春風潤物細無聲，在字裡行間就把很多企業管理的精髓和盤托出。

　　瑞武總從一個傳統生意人成功轉型做最流行的綠色產業，跨越極大，中間過程跟心路歷程注定曲折起伏。在他看似輕描淡寫的敘事中，其實是每一位創業者都要經歷的挑戰和困難。從想法的產生到最後企業的成功運作，充滿了艱辛與挫折，充滿了否定之否定，無數次「柳暗花明」。讓人

序六　跟一位智者學習

印象深刻的是，他還有他的合作夥伴，無論面對多少困難，始終不忘初心，矢志不移，最後終於「又一村」。有好想法的創業者很多，但是踏踏實實，百折不撓，「為了理想而不懈奮鬥」，才是創業成功的真諦。佛學大師南懷瑾曾經說過，修行要「高高山頂立，深深海底行」，見地要高，工夫要深，缺一不可。一個禪者必定要有高的見地，才能行得遠行得久。一個禪者也必定是一個行者，在知行合一中去磨練功夫。創業何嘗不是一場修行？

作為相關領域的大學教授，我發現瑞武總對現在流行的很多理念像智慧企業、共享經濟、綠色農業、可永續發展等的見解非常獨到並一針見血。這讓人不禁想起電影《教父》(The Godfather) 裡面的經典臺詞：「花半秒鐘就看透事物本質的人，和花一輩子都看不清事物本質的人，注定是截然不同的命運。」無論繁花如何迷人眼，他總能看到那些樸素到不能再樸素的實質：顧客至上，價值創造，誠信為本，精益求精。亞馬遜的貝佐斯 (Jeff Bezos) 曾經這樣感慨過，絕大多數人總是關注新的變化本身，只有極少數人去關注這些變化中不變的東西，而後者才是最重要的東西，才是商業的實質。看來的確是英雄所見略同呀。

未來的讀者會深深地體會到，瑞武總的創業過程中無處不展現一個「巧」字。不是投機取巧的巧，而是熟能生巧的巧，是在一個領域浸潤多年慢慢悟出來的巧。西方諺語說，「work harder, but also smarter（要勤用功，更要巧用功）」。無論是政府還是企業，在構思綠色企業的時候，往往陷入舊瓶裝新酒的固定思維中，用舊思維來看待新事物。比如綠色農業就在樓頂上種莊稼，綠色辦公室就把花花草草移到室內，看上去綠色了，但是一點也不可永續，因為這種綠色，成本太高了。瑞武總卻巧妙地把種菜 (SINGRASS) 跟共享辦公室 (O2WORK) 結合了起來，一下子就開啟

了一個新局面。舊思維從現有的產業鏈出發，在生產方跟消費方之間有一個很長的鏈條。在這個固有的鏈條上，無論如何努力，總是成效甚微。這個時候最需要的是「巧勁」。瑞武總的解決方案，是把生產方（葉菜）跟消費方（辦公族群）直接耦合在一起，將固有的長鏈條直接拋棄，從而巧妙地解決了企業的綠色成本問題。這本書裡面，這種「巧」思展現在各個方面。比如葉菜屏風應該多高，如何與室內裝修結合，工人如何操作最省力，用多少光，用多少風，共享辦公室 Logo 如何設置等。這些看似一些容易讓人忽略的細節，其實處處展現了一個巧字，這麼做就能事半功倍，就能讓商業模型可永續。

　　瑞武總提出了一個我們研究綠色企業經常忽略的問題。通常大家會把自然環境認為是一個靜態的被動的實體，不同於其他的有主觀能動性的利益相關者（stakeholders），比如消費者員工等。所以，我們的思路就容易陷入二分法裡面，可永續就是要少汙染、少使用資源，少傷害環境，農藥有毒就提倡有機蔬菜。但是，瑞武總用他的經歷告訴我們，植物是智慧的！當生態變化以後，植物忽然表現出了新的特徵。一個葉菜都如此，我們有什麼理由去懷疑大自然不是一個偉大的智慧體呢？從這個想開去，如果我們改變了人類對待自然的方式，自然會不會進化出一些我們想不到的特徵，自然而然地把我們現在的問題解決掉呢？我們也許需要改變綠色企業運作方式的思維，把自然作為一個智慧的利益相關者。如果我們真的做到瑞武總提倡的「敬天」，或許我們才能真正地找到解決人跟自然和諧相處的「巧勁」。

　　一本好的書，總是可以觸動人的內心。作者把個人、事業、家庭、管理、創業，各個方面串在了一起，原來做企業真的是一個完整人格的全面表現，做企業就是做人。最後必然就昇華到哲學層面上，人活著的意義何

序六　跟一位智者學習

在？努力創業做企業的意義何在？我尤其喜歡書中的一個討論，即在企業經營中「以其無私，故能成其私」。或許這是我們文化所獨有的概念，很難被西方企業界所理解。根植於亞當史密斯（Adam Smith）無形的手的理論是「以其自私，而能成就（市場的）無私」。前者建立在價值共創理念上，而後者認為人人必須為了有限資源而競爭。有意思的是，綠色生態可永續發展等理念卻跟前者的哲學越來越靠攏。而這個討論對於我們未來如何重構跟人跟自然的關係，乃至如何重構人跟人之間企業跟企業之間的關係，都非常重要。我強烈推薦讀者去看看這本書在這方面所做的討論。

所以這是一本有用的書，有趣的書，並且讓人嚴肅思考的書。對於創業的人來說，這本書可以看作是一本工具書。當你遭遇挫折徬徨的時候，讀讀這本書可以激勵你重新振作起來。當你百思不得其解的時候，讀讀這本書可以啟發你從另外一個角度去找找「巧勁」。而對於大量的有志於可永續發展的人士來說，這本書提供了很多值得我們思考的思路和方向。

能為這本書背書，實在幸莫大焉。

耿旭生
新加坡管理大學李光前商學院策略與創業系副教授

自序
道法自然

　　時光荏苒，創業常恨光陰短。從我第一次創業至今，俯仰之間近三十年過去了，不知不覺我已年過五旬。孔子說「五十而知天命」，但我們大多數人卻對這句話存在誤解，以為一個人到了五十歲這個年紀就應該認命了，不要再折磨了。按照現在的話來說，應該「躺平」了。

　　其實，孔子所謂的「天命」之「命」並不是我們所理解的人生命運，而是一種使命，「天」代表神聖，也就是我們義不容辭、責無旁貸應該去做的事情。孔子五十歲並沒有選擇躺平，相反，這一年他經過半生的學習和遊歷後，剛剛出任魯國高官，準備大顯身手。而在魯國的理想受挫後，孔子又於五十五歲的高齡背井離鄉，周遊列國，遊說諸侯，只為實現自己大濟蒼生的使命。所以，孔子的「知天命」不是聽天由命，而是找到了自己的使命，並義無反顧去踐行。

　　現在的我正處於孔子周遊列國的年紀，飄洋過海來到新加坡，正在為自己的使命奮鬥。那麼我的使命是什麼呢？在書中我介紹得很清楚，那就是透過我們的努力，可以讓更多的人在綠色、自然、低碳、宜居的室內空間中學習、工作、生活，可以讓更多的人們輕鬆地吃上最新鮮、無公害、免溯源的葉菜。於是，我們創立了 O2WORK 生態辦公空間，研發出了 SINGRASS 室內智慧生態系統，作為實現這個使命的載體。

　　這個世界上還有什麼東西比呼吸和飲食更重要呢？然而，空氣汙染和

自序　道法自然

食品安全正是當今困擾全人類的兩大難題。而造成這兩大難題的元凶也恰恰是人類自己，工業化、城市化為世人帶來了衣食無憂的生活，但我們引以為豪的現代化卻是建立在對自然環境的肆意破壞之上，人類的進步與環境的退步似乎成了不可調解的矛盾。

進入 21 世紀以來，我們經常在新聞中看到「百年一遇」的詞彙，比如：百年一遇的高溫、百年一遇的洪災、百年一遇的寒潮……同樣，進入 21 世紀後，人類共經歷了七次全球範圍的「全球關注的公共衛生（傳染病）事件」，大概兩、三年就有一次，其中影響最大的新冠疫情無疑又是百年一遇。這些百年一遇的背後，其實就是自然對人類的瘋狂報復。可以說，人與自然的關係修復已經到了刻不容緩甚至攸關存亡的時刻。

所幸，世界各國已經意識到了問題的嚴重性，紛紛制定了各項政策和各種措施來治理環境汙染，保障糧食安全。新加坡政府於 2019 年、2021 年陸續發表的「30·30 農業願景」和「2030 年新加坡綠色發展藍圖」更是成為我和團隊創業的指南，指引著我們把企業的夢想匯聚到國家的藍圖中，一起奔騰向前。

華人為何崇拜「天命」，這源於悠久的農耕文明。古人種地只能「看天吃飯」，由於生產力低下，豐年勉強溫飽，遇到災年則不免忍飢挨餓甚至輾轉溝壑。因此，古人學會了敬畏自然，累積沉澱了「天人合一」的理念。古老的東方智慧為當今世界面臨的危機提供了新的視角和出路，因此很多西方的技術派也轉向東方的哲學，尋求深層次的解決方案。那麼東方哲學的核心是什麼呢？就是「和諧」！所謂「天人合一」也就是人與自然的和諧。

遺憾的是，技術的發展讓人類忘乎所以，遇到難題和危機的時候，總

是妄想用技術的方法解決自然的問題。其實，這是一種治標不治本的方法，就像很多人在治理室內空氣汙染的時候，往往採用化學成分的空氣清新劑，結果不僅室內汙染不能真正去除，還會造成次生汙染。

所以，我們的理念是用自然的方式來解決自然的問題。西方科學家早已證明植物是解決室內空氣汙染最生態、最有效的方法。然而，在實際運用的場景中，往往達不到理想的效果，因為無法解決植物在室內環境中「生存、生長、生物量」的難題。我們經過七年多的研究，研發出了 SIN-GRASS 室內智慧生態系統，完美地解決了這一世界難題。

現在「人類命運共同體」已經成為各國之間的共識，其實我們和自然之間還有一個「生命共同體」，它的重要性甚至在「人類命運共同體」之上。人類要完成救贖，眼光不能局限於自身，而應該放眼萬物，同呼吸，共命運。這也是我們建植植物群落來解決室內空氣汙染的理論出發點。

關於「天命」，還有一句大家耳熟能詳的話，叫「盡人事，聽天命」。其實，對於這句話，大家同樣是充滿了誤解。「盡人事，聽天命」並不是教育大家做事情要量力而行，不要知其不可為而為之，實際上這裡所謂的「天命」說的是自然規律。中國古代農民在種地的過程中，發現「天命」對於種地成敗的重要性，並由此總結出一套規律來，比如「二十四節氣」就是先民智慧的結晶。所謂「盡人事，聽天命」指的是做事情要遵循客觀規律，然後盡自己最大的努力去做，那麼成功的機率就會大很多。

在兩次創業的間隙，我也有了比較多的空閒時間，可以讀書或者健身，於是養成了運動的習慣。後來沒有那麼多的時間，我就到健身房，每週跟教練練習兩次。教練是科班出身，經常會向我傳授一些健身的規律，讓我覺得世上很多道理都是相通的。

自序　道法自然

　　比如，教練跟我說，一個人的力量、穩定性、技巧等東西都是相互關聯的，你在跑步的時候，如果一心追求速度，而沒有一個基礎的體能，不僅速度無法有效提升，還可能會損傷身體。那麼有了體能之後，你的速度是不是就越快越好呢？也不盡然，因為隨著你的年齡增長，體能的增加需要一個逐步累積的過程，一旦你的速度太快，超過了身體的負荷，就會對你的心臟產生不利的影響。

　　企業的發展和人的成長一樣，不在於短期的爆發，而在於健康長壽。很多人創業的時候，由於沒有經驗，一味求快貪多，忽視了根基的累積，忽視了企業發展的客觀規律，按照自己的主觀意志高歌猛進，結果一遇到真正的挫折就扛不住了。「眼看他起高樓，眼看他樓塌了」，這種劇情可以說每天都在上演。

　　所以，我想把自己近三十年創業的一些經驗和心得整理出來，與有志創業者共享和共勉。因為我覺得企業的價值並不限於一家一姓，而是關係到千家萬戶的幸福。我非常認同日本經營大師稻盛和夫先生提出的企業經營目標——「追求全體員工物質與精神兩方面幸福的同時，為人類和社會的進步與發展作出貢獻」，而要實現這一目標，首要的前提就是把企業辦好。

　　日本文化自古深受中國文化的影響，因此，在日本很多優秀的企業家身上都可以看到儒商精神，也可以看到他們的「天命觀」。稻盛和夫先生為人題字，最喜歡寫的四個字就是「敬天愛人」，也就是敬畏自然，關愛眾人。實際上這四個字剛好也可以用來概括我這本書的內容，我的第二次創業故事主要在講人與自然的關係，我的創業理念主要在講人與人的關係。一個人如果能夠把這兩方面的關係處理好，那麼他的人生、事業就是成功的。

享有「新加坡船王」美譽的新加坡太平船務創辦人張允中老先生每天都要把自己的工作內容記錄下來，這種前輩風範在他同時代的企業家中應該並不鮮見。我自己平時在工作的時候也喜歡做一些紀錄，因為我覺得只有寫下來才能記得更牢，理解得更加深刻，也才能更好地傳授給同事。企業經營者光自己會還不夠，還要把金針度與人。

我認為企業經營者如果能夠把自己平時工作的紀錄與心得系統性地整理出來，那麼對於企業來說就是一筆不菲的精神財富。企業經營者不僅要在物質財富上為社會做奉獻，也要把精神財富奉獻出來與員工和大眾分享。因此早在 2012 年的時候，我就把自己十幾年的創業歷程與心得彙編成《我們都是創業者》一書出版。

如今 11 年過去了，時代形勢與當時相比早已經不可同日而語。2012 年的時候，智慧型手機在大眾之中的普及程度遠遠比不上現在，行動網路的發達程度也遠遠不如現在。再看今日之世界，已是「低頭族」之天下！手機在造成人們頸椎提早退休的同時，行動網路帶來的碎片化閱讀也讓人們的認知水準不斷退化。

因此我一直呼籲大家少看手機多看好書，因為一本好書往往凝聚著作者多年甚至畢生的心血，這是那些速成的速食式的網路資訊所無法比擬的。我不敢自誇這本書有多好，但書中的內容確實是我近三十年來艱苦創業的經驗累積沉澱和創業路上反覆求索的思考心得。當然，書中觀點難免存在值得商榷之處，也請讀者朋友們不吝指教，共同成長。

自序　道法自然

第一章
心有遠景，逐綠追夢
我的二次創業故事

▍推薦語

　　本書是李瑞武的創業心得之作，充滿幽默和智慧。他深感時光短暫，五旬之年卻不認命，笑談自己不打算「躺平」。他解釋了孔子的「五十而知天命」，找到使命並義無反顧追求。他飄洋過海來到新加坡，為實現綠色環境的使命，歷時六年多永續投資研發O2WORK生態辦公空間和SIN-GRASS室內智慧生態系統。他倡導人與自然和諧共存，以自然方式解決室內環境問題。他強調記錄與分享經驗的重要性，呼籲少看手機多讀好書。這是一本細膩記錄實踐經驗的創業指南，啟發讀者勇於追求夢想。值得收藏！

——陳展鵬
新加坡製造商總會會長
Adera Global Pte Ltd 精工科技董事長

　　2011年，因為瑞武經常向《南大湖畔》投稿，我開始關注他。畢業後，瑞武留在了新加坡，並擔任南洋理工大學校友會理事、副會長，我和他的互動多了起來。在新加坡的校友經常聚會，2014年、2015年，瑞武

也經常參加。但他在聚會中總是認真地聽大家說話，不愛插話。2016年之後，他就很少參加活動了，偶爾會收到他發的O2WORK生態共享辦公空間的宣傳資料，後來又收到SINGRASS室內智慧生態系統的資料，才發現瑞武從貿易轉行實業了，而且是最前端的ESG領域。在室內環境建植植物群落，以前從來沒有聽到過這樣的專業名詞。後來去O2WORK參觀，體驗了空氣清新、綠意盎然的生態辦公空間，真是感到震驚。為瑞武的學習能力、創業熱情按讚。

—— 孫敏炎
南洋理工大學原校友事務處主任

事業轉型，結緣生態修復

我走上生態修復的道路，是一個「三位一體」共同作用的結果。第一是我內心深處對於綠水青山的熱愛和渴望，第二是實地參觀一家生態公司對我的觸動，第三是在南洋理工大學和新加坡國立大學就讀碩士為我帶來的腦力激盪和心靈衝擊。

我從2012年7月分開始，在新加坡國立大學商學院就讀EMBA課程，這個課程三個月上一次課，一次連續上兩週。所以，中間就有了兩個多月的一段間隔，於是我開始對東南亞各國進行深度的市場調查，同時，參訪一些校友的企業。新國大商學院EMBA課程的校友企業參訪活動做得非常好，這樣的活動為同學和跨屆校友們創造了獨特的學習體驗，可以接觸一些鮮活的企業和創業者，在現實場景中實現深入的互動，進行深度的交流。這些，實現了課堂案例教學無法達到也不具備的效果。

事業轉型，結緣生態修復

當時，我和某生態環境（集團）股份有限公司董事長王召明是同一個班的同學。雖然我們倆到新加坡讀書都是緣於同一個推薦人，而且早些時候也已經認識，但是我對他創辦的這家企業的認知，一直還是停留在一個淺表的層次，認為這是一家種花種草種樹做綠化的公司。在對其公司實地參訪的過程中，我才改變了自己這種粗淺的印象。

從 2012 年到 2014 年，即就讀新加坡國立大學的兩年期間，我就陸續五次深入其公司，現場體驗它的草博館，實地考察它的萬畝草原修復現場。此間，我不只一次聽王召明董事長親自講解公司的發展之路，講述他自己的創業故事。目睹之，耳聞之，從此我對其公司的事業有了煥然一新的認知。

這種認知完全可以用「震撼」二字來形容。其他同學的感受可能沒有我這麼深刻，因為這片土地，我是實實在在的生於斯長於斯。記得小時候從農村前往大城，到了郊區，就是該公司修復現場的這塊地，目力所及，真的是一片龐大的亂石崗。那時，由於城市建設需要砂石用來製作混凝土等，加上政府監管不到位，大家就隨意地在這些城郊的地上亂挖，取細沙取石子，挖得到處都是大大小小的坑，簡直滿目瘡痍。到了每年的開春入夏和深秋入冬之時，氣候一變，風颳起來，漫天黃沙，可以用陸游的一句詩「惡風捲地吹黃沙」來形容。

小時候，我每年都會經歷這樣的事情，深受其苦。記得有一次陪新國大商學院的老師和校友參訪這家生態公司，恰逢其院士工作站成立慶典。一位學者在發言中講述：我第一次來這裡是 1950 年代初，當時剛剛大學畢業，那時的大草原簡直就是「天堂草原」，天上的白雲與草原上的羊群連成一片，野花爛漫，「海子」星羅棋布，如果運氣好，可以在「海子」裡看到嬉戲的天鵝。好一派遼闊，壯美的景象！1980 年代的時候，舊城區

第一章　心有遠景，逐綠追夢　我的二次創業故事

有一條河，河裡還有魚蝦。可不幸的是，此後草原和城郊的生態破壞日甚一日。每次過來都讓我感到異常痛心！

看到生態公司能夠把一望無際的荒灘修復成綠洲，重現「風吹草低見牛羊」的景色，不由擊中了我心靈深處最柔軟的地方。我覺得王召明董事長實在是了不起，無論在個人事業成就方面，還是對自然、對社會的情懷方面都非常令人欽佩。

2014 年秋天，我從新加坡國立大學商學院的 EMBA 畢業了。畢業之後，仍然有往屆的老同學或者下屆的新校友前往我家鄉參訪。有空的時候，我還是一如既往參加這樣的校友企業參訪活動，陪他們去家鄉，參觀某生態公司和一些校友的企業。在和某生態公司不斷接觸互動的過程當中，我內心對自然環境生態修復這份事業的熱愛也不斷被激起和強化。

從 2012 年起，我一直致力於對東南亞市場進行調查研究。當時我對鋼鐵貿易還餘情未了，面對鋼貿的困難局面，我寄希望於打開國際市場，從內銷走向外貿。於是我不辭辛苦，一次次拜訪馬來西亞、泰國、印尼、緬甸等國家的工業園，拜訪當地的一些鋼材貿易商和需要用鋼的企業，希望能夠把鋼鐵資源對接過來，賣給他們。

但是鋼材外貿形勢早已今非昔比，鋼廠在走國際化，大型的貿易企業也在走向國際化。大型的生產建築企業已經實行直採，開始繞開中間的貿易商，因為他們批量大，可以直接跟鋼廠採購，或者跟大型貿易企業洽談，讓對方墊資為他們供貨。這樣的話，民營鋼鐵貿易公司就沒有什麼努力的空間了。本身在大型建築企業直採的背景下，鋼貿商的業務量已經日益縮水，如果需要墊資的話，受困於資金實力和融資成本，民營貿易企業又拚不過大型貿易商。於是，我繼續做鋼貿的意願越來越淡化了，覺得已沒有什麼價值去做。

事業轉型，結緣生態修復

　　我這個人十分愛讀書，但是創業之後相當忙，閒暇時間變成碎片化，也難以靜下心來讀書，因此很難把一整本書讀完。到了新加坡幾年，讀了南大和國大兩個碩士，學校學風非常嚴謹，學期中有課前作業，課中的個人作業、小組作業。每一個課程結束了，要在標準考場考試。所謂標準考場就是新加坡教育部認定的可以做考場的教室。考場之中，每一個考生之間距離一公尺，每個教室都會有監視器。教育部會隨機抽查，如果這是一個閉卷考試的課程，那你就不能拿出書來翻，也不能交頭接耳。一旦被發現違反考場紀律，這次考試就作廢了，你就需要重考。

　　兩個學校的碩士課程都有不少教材，教材又大又厚，都是一些大部頭，逼著你硬著頭皮去讀。對於很久都沒有辦法讀完一整本書的我，乍一見這些教材，著實是望而生畏。但是日拱一卒，循序漸進，慢慢地我竟然又回歸了早年讀書的狀態，實現了把一本書完整地仔細地讀完。然後，再經歷高強度的個人作業、小組討論等等一系列磨練，我又找到了久違的熱情與鬥志。正處於鋼貿沒有前途，轉型沒有方向，人生低迷期的我，原本就像一艘剛剛卸了貨的商船，內心空空蕩蕩的，這時又彷彿重新裝滿了貨，等待著再一次的揚帆起航。

　　2016 年春，我又一次和新國大商學院的校友們一起去參訪某生態公司。在交流的過程當中，我問王召明董事長：「你為什麼不往海外發展？東南亞礦產資源豐富，很多國家都有礦山，而礦山的開採過程就是對自然環境的一次近乎毀滅性的破壞過程。雖然熱帶雨林的氣候適宜植物生長，但是挖礦的時候別說挖地三尺了，挖地三丈都不只，把大面積的礦區掀個底朝天，用斬草除根來說一點都不誇張，連草都活不了，更別說灌木和喬木了。這種對自然生態大規模、大面積、大力度的破壞之後，肯定是需要人為干預來修復的。」

第一章 心有遠景，逐綠追夢 我的二次創業故事

對此，王召明董事長提出兩點解釋：其一，現在綠水青山的政策還在如火如荼地推進中，工業化的發展過程中，本地礦山開採也累積了不少問題，有很多舊帳要還，生態修復的市場潛力還是非常大的。另一方面，正因為公司主要致力於當地市場，還未建立對外發展的策略，所以也沒有什麼國際化的人才可以走到海外去開創新局面。

說著，他隨口問我，你在新加坡待著，畢業了也不回來，待在那邊是不是也沒事做？我說，確實是沒什麼事，我一直在調查研究，也找不到什麼出路，鋼貿肯定是做不成了，做別的也不會，也不知道能做什麼。

王召明董事長一聽，有些興奮地說：「你在那邊跑這麼久了，對當地情況也熟悉，反正待著也是待著，要不我們倆合作，一起來推動生態公司的國際化。」於是雙方一拍即合，2016 年 4 月，我和這家生態公司合資合作，在新加坡成立了一家公司，啟動了我的二次創業。當時這家公司還不是定位於生態修復方面，而是繼續發揮我的特長，主營人工牧草貿易。

生態公司產業鏈中的一個業務區塊是草飼料，因為家鄉是牧區，養殖業需要優質人工牧草，而當地的產量滿足不了市場需求，只能從國外大量進口。一開始我們公司的主要業務就是負責從國外進口人工牧草，然後再轉售給家鄉的養殖企業。但是做了幾個月之後，我就發現了問題。過去我做鋼材貿易，應收帳款帳期最長不過 3 個月，正常也就是 1 個月，因為超過 1 個月，規模越大，風險就越大。一旦遇到市場價格大幅下滑，你就可能不堪重負，轟然倒下。

而我們進口的牧草賣給家鄉當地的養殖企業之後，回款帳期竟然長達 6～9 個月！我越想越覺得長此以往風險太大，就跟王召明董事長說：「這種生意可不要做，你的生態公司是上市公司，養殖企業都覺得你的生態公司融資容易、成本低，資本規模也大，既要讓你供貨，又想要你賒帳。但

是，如果大量的讓他們賒銷，帳期又這麼長，一旦養殖企業的下游產品價格暴跌，風險必定會轉嫁到上游，這樣生態公司就會出現應收帳款違約，面臨極大的風險。」

所以，進口人工牧草這件事就這樣被否決掉了。然後，我又陷入了困頓和迷茫之中，之前我想的是，我本身是做鋼材貿易的，對資本營運有一定的經驗，無非是從一個產品換到另一個產品，結果鋼材貿易行不通了，換成牧草貿易也行不通，到底路在何方呢？

後來經過跟生態公司管理層的溝通，又重新定位，回到了我跟王召明董事長最初的提議上，也就是在東南亞做礦山修復。

兩段生態調查經歷

我在二次創業之初，有兩段重要的生態調查經歷，一是在新加坡調查城市綠化，二是在東南亞各國調查礦山修復。這兩段生態調查儘管最終都沒有轉化為生意，但是它們讓我深刻明白了生態修復的價值和意義，並且讓我在實踐中將所學的生態知識融會貫通，對日後的業態定位發揮了很大的幫助。

在做礦山修復之前，我就對新加坡的城市綠化市場進行了調查。新加坡早已是聞名遐邇的「花園城市」，但城市景觀選擇的植物品種往往相當單一，這樣的話就出現一個對比鮮明的現象：陽光照射的地方，鬱鬱蔥蔥，一片生機盎然，而交流道下或樓體遮陰處那些陽光照不到的地方，同樣的綠植就萎靡不振了，直至枯萎。枯死掉的植物剛開始還會補種，補種後仍然不能生長，最後就放棄了。究其原因，沒有陽光的地方自然不能生

第一章　心有遠景，逐綠追夢　我的二次創業故事

長植物。但凡事往往都有兩面性，其實自然界還有耐陰和喜陰的植物品種可以在這些地方生長。

除歐洲以外，大部分國家的城市綠化過於追求觀感和形式，導致無法搭配生態規律。首先，城市綠化喜歡用外來的物種，俗話說「物以稀為貴」，人們總覺得沒見過的才稀罕，才值錢，對這樣的城市景觀的滿意率和好評率自然也就比較高，所以城市綠化往往喜歡用外來物種。再者，城市綠化喜歡看上去整齊劃一，導致植物品種單一。比如說草，新加坡草坪基本用牛草（Cow-grass），不是牛草要拔掉。樹用雨樹，灌木也就那麼幾個品種。這是城市綠化普遍存在的特點，但是這樣的思路和做法，其實是不符合生態規律的，和生態景觀是有本質區別的。

我們去任何一個原始地貌參觀，原始森林也好，原始草原也好，都是多物種共存的情形，雜草叢生、野花爛漫才是原生態。生態的概念是一個全局性的概念，無論這個「局」多麼小，這個環境多微觀，它一定是一個完整的全面的狀態。

同時，生態也是一個多元和共生的概念。植物和人一樣都是群居生活方式，而且是不同品種共生，它們之間形成一個相互影響的群落來生存。不同植物間有資訊和能量的互動，而後形成一個具有旺盛生命力的群落，從而增加集體的抗病力。如果一株得了病，其他的品種就會形成一個生態屏障，避免互相傳染。但如果這個群落都是同一品種組成的，一旦一株植物生病了，很快其他植物也要被株連。就像養雞場一隻雞中了禽流感，其他雞常常也難以倖免一樣。

所以，參差多型的共生群落是最理想的生態環境。如果把城市景觀弄成外來物種的展覽會，整齊劃一，品種單一，顯然是違背生態規律的。因此，新加坡釋出的「2030年新加坡綠色發展藍圖」中，沒有把「花園中的

城市」作為願景，而是定位於「大自然中的城市」。

當然，這是我後來經過深度學習後的認知，當時我的認知水準還沒有這麼高。只是覺得這是一個機遇，我可以和新加坡的景觀園林公司合作，幫他們引入耐陰、喜陰的植物新品種，讓那些陽光照射不到的地方也可以綠意盎然。這樣一來自己覓得商機，二來也有助於進一步提升新加坡的花園城市形象。新加坡是城市綠化的世界級模範生，政府的綠化工程已經從地面垂直上升到了不少建築物的外立面綠牆、樓層花園和屋頂花園，讓許多外來的參觀者讚嘆不已。如果個別綠化短處再補上，那就更完美了。

但我把這個想法跟生態公司的同事溝通後，他們卻告訴我說業務量太小了，即使你弄了個新品種，讓橋下的植物長活了長好了，也難以維持公司的盈利，因為面積太小了。而且橋下長不長植物，其重要性比起橋上或者地面也不可同日而語，因為新加坡是熱帶雨林氣候，陽光熱辣，雨水豐沛，適合植物生長，路邊的喬木、灌木長得好自然就遮蔽了橋下。新加坡政府很務實，沒有做應該也是基於不划算。

這是我的第一段生態調查經歷，形成的理念沒有轉化為實踐，因為目標太「小」了。相反，我的第二段調查經歷，之所以夢想沒能照進現實，是因為目標太大了，礦山修復不管從資金要求、國家政策，還是政府、企業、個人對自然環境的重視，都遠遠超過了城市綠化。而這在東南亞，顯然是一個過早過大的目標。

我在東南亞進行礦山生態修復的調查過程當中，有一段時間是在印尼做礦區勘測。印尼富產錫，錫是僅次於金銀銅的第四種貴重金屬，具有亮如鏡、色如銀的外形特徵和抗鹼無毒無鏽防腐蝕的功能，因此自古以來就應用廣泛，古代青銅器就是錫和銅的合金，過去我們罐頭食品和裝牛奶的大罐子也是用錫做的。

第一章 心有遠景，逐綠追夢 我的二次創業故事

　　印尼不僅在陸地上有錫礦，在海裡邊也有錫礦。陸地的錫礦在開挖的過程中，雖然是露天淺表挖掘，但是它的面積很大，對自然環境的破壞也是災難性的。錫砂礦與黏土礫石伴生，原礦中含有較多的黏性泥土，當地人透過高壓水槍沖洗的方式進行開採，從土壤、砂石裡頭把錫石篩選出來，最後留在地表的脫去錫石的礫石就是白沙，大面積的白沙，還有很大很大的礦坑。

　　東南亞屬於熱帶雨林氣候，雨量充沛，被翻了個底朝天的礦區在雨水沖刷下，其地表的白沙就會蔓延，也會有一些重金屬的析出，對自然環境的破壞非常嚴重。那些大的礦坑裡邊蓄了水以後，因為礦物質超標，改變了光線光譜的折射、散射，讓水面呈現出別具一格的色調和層次，甚至看起來非常夢幻。當地人不懂，還當成一種景觀來炫耀，很多小孩假期一來就會跑到那些坑裡頭去游泳，每年都會發生幾起小孩子溺水的事故。

　　看到如此的景象，聽聞這樣的不幸，讓我更加感覺到礦區修復的意義之重大。但是，礦區復墾是世界性難題，雖然各個國家都有礦區復墾的法律法規，但重視環保、主動修復礦區生態環境的企業實在是寥寥無幾。如果在剝離地表土層時未曾有計畫地保留原土，等到閉礦時，由於水土流失，想要修復，需要付出非常高昂的費用。所以，礦區修復要麼不想修，要麼修不起，到最後幾乎沒人修。有些人賺得盆滿缽滿，卻把爛攤子留給當地的老百姓，老家有礦本來是一種幸運，最後卻諷刺般地變成災難。

　　我在東南亞各個礦區進行大面積勘測的時候，主要是想尋找在這樣惡劣的環境中仍然生命力旺盛的當地植物，我們試圖找到一些可以在生態修復時建構植物群落的配方。然而由於經驗不足，著實吃了不少苦頭。

　　就在這些礦區來回奔波跋涉的過程中，我掉了兩次鞋底。一次是一雙皮鞋，在雅加達的機場裡邊趕飛機，跑得鞋底掉了。還有一次是一雙旅遊

鞋，在印尼邦加-勿里洞省的礦區把鞋底走掉了。這兩次掉鞋底事件，足以證明當時我每天的活動量有多大。當時的防護意識也不強，頂著東南亞毒辣的大太陽東奔西跑，也不懂得抹防晒霜，結果硬是跑出了皮膚問題。

有一次，我在緬甸做礦區勘測，勘測完以後就感覺皮膚有點不舒服，第二天早上起來發現皮膚上出現了紅疹，紅腫而且很癢。從那以後落下來一個病根，只要是太陽一晒，皮膚就不好受，暴露在陽光下面的皮膚就會起紅疹子，跟著就會發癢。

後來看醫生才知道這是紫外線過敏，以至於兩、三年的時間內我都無法穿短袖。再後來治療鼻炎之際，我利用中醫的調養，加上自己也開始堅持鍛鍊身體，才慢慢恢復過來。要不然生活在驕陽似火的東南亞，皮膚不能見天日真是挺折磨人的。

這兩段生態調查儘管都沒有轉化為生意，但是它們仍然對我日後的再次創業發揮了很大的幫助。首先，因為先有了實際的體驗，使得我在接下去的學習中能夠更加輕鬆和深入地融會貫通，正所謂「紙上得來終覺淺，絕知此事要躬行」。其次，面對工業化對環境的破壞和對人們生活的影響，使我更加明瞭生態修復的意義，在日後的創業中百折不撓地走下去。

「天降大任於斯人也，必先苦其心志，勞其筋骨，餓其體膚……」我在礦區勘測時，不僅做到了「餓其體膚」，還進一步「傷其體膚」，但這樣的代價終將會轉化為未來的財富。

與其求人渡己，不如自己擺渡

要做好一行，就要成為這一行的行家裡手。本著這樣的信念，我進入生態修復行業之後，也開始了對土壤學、生物學、生態學、植物學等專業的深入學習，抱著一本本對我來說厚如磚頭、難如天書的專業著作，無師自修，在專業知識得以建構的同時，也重塑了自己的認知和信心，發現了自己的潛力，為接下來的創業打下了良好的基礎。

術業有專攻，找專業的人來解決專業的事。抱著這樣的想法，我為了在東南亞做好生態修復的事業，拜新加坡草坪業務專家王國璋老先生為師，也與南洋理工大學國立教育學院的陳鍾博士和南洋水源與環境研究院的劉雨教授成了好朋友。

在跟這些專業人士和專業機構對接溝通的過程當中，我越來越感覺到自己作為一個門外漢去做專業事情是根本無法做好的。每次跟人家交流的時候，我只能是把生態公司的 PPT 展示給人家看，最多再讀一讀，照本宣科。人家提的問題我不會回答，更不懂向人家提問題，這種感覺就像兩個人在相親的時候，各說各的事情，談話的調調完全不在同一個軌道上，氣氛非常尷尬。

好在這個時候我想起了一位救星——生態公司的一位元老級專家郭建梅，她剛好也在新加坡國立大學商學院 EMBA 課程進修，我就把這些會談安排在她來新加坡讀書的那個時段，請她出面幫忙。她也成為了我的入門導師。

但是郭建梅三個月才來新加坡上一次課，上完兩週課馬上又要離開，來去匆匆。而我每天都要面對客戶開發和對接資源，遠水解不了近渴，如何是好？我陷入了苦思，突然頓悟道：求人不如求己！

| 與其求人渡己，不如自己擺渡

禪宗有一個故事。講一人站在屋簷下避雨，忽見一禪師撐傘走來，那人趕緊喊道：「大師，普渡一下眾生吧，帶我一程，可以嗎？」禪師搖頭道：「我在雨裡，你在簷下，簷下無雨，你不需要我渡。」那人一聽，忙不迭地從簷下走到雨中，說：「現在我在雨中了，你可以渡了我吧？」禪師卻說：「你我同在雨中，我不被雨淋，因為我有傘；你被雨淋，因為沒有傘，所以不是我渡你，而是傘渡我，你要被渡，不要找我，請自己找傘吧。」說完這些話，禪師頭也不回，竟自走了。

與其讓人渡己，不如自己擺渡。於是，我開始了與自己的內心對話：這個事業要不要繼續做下去，如果要做下去，你一個門外漢又如何找到開啟成功之門的鑰匙？我在多年的鋼貿生涯中早就建立了這樣一個觀點，一個企業從上到下，都應該是「門內漢」而非「門外漢」，員工如果連自己的業務和產品都不能做到瞭如指掌，那麼如何讓客戶相信你的介紹和推薦？更不要說企業的領導者了，一個企業若是由一個門外漢來領導，不僅沒有前途，簡直就是災難。

這一番對話之後我想通了，下定決心自學生態修復的相關專業知識，要從門外漢變成行家裡手。於是我找到了某林業大學的王剛教授，跟他說自己準備改行了，不做鋼材貿易了，要做自然環境的生態修復。以前的舊船票上不了現在這艘新船，得從頭學起，「您從專業的角度，看看有什麼這類的書籍，幫我推薦幾本……」

很快，王教授真的幫我寄來了某林業大學土壤學、植物學、生態學的課本，第一時間看到這些寄來的書，我傻眼了。據說英國的維多利亞女王（Queen Victoria）在看了一本《愛麗絲夢遊仙境》（Alice's Adventures in Wonderland）後，非常喜歡，要求作者卡羅（Lewis Carroll）再出什麼新書務必先送她一睹為快，結果等來了一本名叫《行列式初等論文》（An Elementary

047

第一章　心有遠景，逐綠追夢　我的二次創業故事

Treatise on Determinants）的數學專著。原來這個卡羅是牛津大學的數學教授，主業是數學，副業才是寫作。我很理解當年維多利亞女王翻開那本厚厚的數學專著時的感覺，因為我翻開這一堆又大又厚的專業書籍，也有一種看天書的感覺。

這些書每一本都如磚頭般厚重，而且裡面的字密密麻麻，資訊量龐大，恐怕連專業的人剛接觸都會有點敬畏，更何況我這樣一個一竅不通的人。光是看到裡面許多的化學知識就讓我頭疼不已，因為高中化學一直是我的弱點，到現在畢業這麼多年，僅剩的那麼一點化學知識更是早就丟到爪哇國去了。

要是換作幾年前，無論如何我無法看完這幾本書，更不要說學有所得，那個時候根本無法靜下心來深度學習。有人說，監獄是最好的學習場所，古今中外，從監獄裡走出來的學者、偉人不計其數，其中不乏諾貝爾獎得主，因為人一到了監獄裡，就由不得你不靜心，不讀書學習如何消遣漫漫長日？

我從事鋼材貿易多年，見證行業幾起幾落，也看到了不少同行被送往監獄學校。當然我自己向來遵紀守法，無緣了解監獄修行的高妙之處。但是慶幸的是，我在南洋理工大學和新加坡國立大學讀的兩個碩士卻經歷了「煉獄」般的洗禮，同學們的腦力激盪以及重歸校園求知若渴的心境讓我找到了早年讀書的感覺，原本浮躁的心態像撒入湯裡的鹽一樣，不知不覺化掉了，那些厚重的教材竟然因此一部部啃下來了。

兩個碩士課程連續三年多的學習經歷，老師、同學們永續的腦力激盪，使我靜心讀書的狀態漸漸重啟了，就像當機後的電腦重啟。真的，若非如此，我當時可能也就放棄學這些專業的東西了。

> 與其求人渡己，不如自己擺渡

　　下定決心之後，我就每天讀，讀一遍記不住，再讀一遍；再讀一遍還記不住，從第三遍開始我就摘抄，逐段逐章、逐章逐頁地摘抄，「好記性不如爛筆頭」，這話還是有道理的。另外，摘抄不僅僅是記憶這麼簡單，你在摘抄的時候其實也是在深入學習，一個字一個字地進行摘抄，期間就有充分的時間對書籍中的內容逐字逐句地咀嚼、玩味，這樣理解就深入了，效果就漸漸顯現出來了。

　　宋代文豪歐陽脩有一個「三上」讀書法──馬上、枕上、廁上，他說自己很多學問都是騎在馬上，睡覺前或者上廁所時候讀出來的，按照我們現在的說法，這叫「碎片式讀書法」。當然除了充分利用閒暇時間之外，「三上」讀書法還有一個好處，就是這些時候最耳根清淨，沒有人打擾，可以自由自在地讀書，效率比較高。也正是緣於這一點，我自己也創造了一個「飛機上讀書法」。

　　那個時候我經常在東南亞各個地方跑，馬來西亞、印尼、泰國、緬甸，穿梭於這幾個國家之間，成了「空中飛人」。由於飛機上斷絕了與外界的聯絡，沒有外來的干擾，而且一次航程往往好幾個小時，我很快發現在飛行上讀書效率極高，於是樂此不疲。

　　有一次，我跟一個同事一起出差，她上了飛機後，吃完班機的配餐就睡，而我則翻開了書開始了又一段「雲端學習」。這位同事睡一覺醒來，一看我還在讀書，再睡一覺醒來，發現我仍然聚精會神在看書，以為我在看什麼精彩的故事，這麼津津有味，等她看到我讀的書名之後，驚訝不已：「李總，你看這些書不會犯睏嗎？」我說：「不睏，我現在看這些專業的書跟別人看小說一樣，越看越有味道。」

　　回想起來，那個時候自己那股勁真的是太難得了。一個人要想創業成

功，就得有一股勁，這種勁，也就是古人所說的「元氣」，元氣滿滿，你的道路才能越走越廣。一晃學了將近六年多的時間了，我在植物學、生態學、環境學等各個方面的知識也日臻完善，跟人交談，張口就來，一套一套的，不知情的人都以為我是科班出身的。而且在邊做邊學、邊學邊做的過程中，我也建立了對這些知識體系的一些獨特的認知，為接下來的創業打下了良好的基礎。

創業，讓空氣更美好

為了開源節流，我和兩位創業夥伴搬入了一家共享辦公空間。然而，新鮮勁還沒過去，室內不新鮮不健康的空氣已經讓我犯上了過敏性鼻炎，連自由呼吸都成了難題。鼻炎的折磨讓我深刻意識到了室內空氣汙染治理對現代上班族健康的重大意義，也成為我第二次創業的重要緣起。

2016年下半年，我開始在東南亞的印尼、馬來西亞、泰國、緬甸這幾個國家跑市場，尋找、開發礦山修復方面的合作專案，反覆翻騰，上下求索，從這些國家的村長到省長、部長都認識了。見面會談時，我把礦山修復的意義跟他們一講，對方都覺得很好，紛紛表示他們很需要這類利國利民的專案。

但是，每次雙方會談的愉快氣氛都會在談到錢的問題時戛然而止──沒有一個國家和礦產企業願意拿出錢來做生態修復，即使想修復也是要求種植速生的經濟作物。我反覆向官員和老闆們講解：大面積、單品種種植也是破壞生態環境的農耕方式，而且礦區的重金屬汙染會導致其中生長的植物和動物很長時間內都不可以食用。但他們置若罔聞。

> 創業，讓空氣更美好

還有一個難纏的問題，這些國家大部分土地屬於私人擁有，如果一塊土地裡恰好有礦，也是礦產開採企業跟「地主」簽合約去採礦。由於「地主」們普遍缺乏大局觀，他們的人生詞典裡根本沒有什麼「功在當代，利在千秋」的詞彙，雖然政府也有礦山復墾的相關法律和規定，但是對他們都形同虛設。至於那些礦產開採企業，挖完了礦就會換個地方繼續挖，或者換個公司繼續挖，「我走了，管它洪水滔天」，更不會拿錢去修復生態。

這樣，無論是土地的擁有者還是礦產的開採者，都不願意拿出真金白銀來修復礦山，政府也沒有強而有力的政策能夠解決這個難題。在經歷了半年多的調查之後，我發現這是一條斷頭路，根本行不通。看來礦山修復對於東南亞的這些國家來說還是超前的概念，他們還要對自然環境繼續破壞下去。

半年多來，每天各種費用像水閘壞掉了一樣不停地往外流淌，但是源頭活水卻始終沒有找到，一天天流下去，再多的資金也得被流乾掉。既然無法開源，那只好節流，從哪裡節呢？想來想去，最容易下手的地方就是辦公費用了，其他地方割肉可能會傷到要害，而這裡割肉權當減肥。

我當時租了一個辦公室，雖然面積不算很大，但考慮到只有三個人在裡面辦公，就有點奢侈了。於是大家商量了一下，一致同意再租一個辦公室，換一個更小更便宜的。原本以為這不過是搬個家，挪個窩而已，沒想到把房地產仲介找來一問，對方卻面露難色，說：「李總，你這個辦公室已經是非常小、非常便宜了，單位面積再小的辦公室，市場上也找不到了，你要真的想找更便宜的辦公場所，只好去共享辦公空間了。」

當時我還不知道所謂的「共享辦公空間」具體是個什麼樣的玩意，只見仲介臉上顯露出來的表情，似乎寫滿了無奈。我本能地聯想到那些離鄉遊子們常住的地下室，裡面陰暗潮溼，牆面的裂縫滲著水，活像一道道傷疤，讓人觸目驚心，這樣的地下室我在 1990 年出差到某城時曾經住過一

第一章　心有遠景，逐綠追夢　我的二次創業故事

次。那個年代的某城還沒有幾間高級飯店，我這樣的普通員工出差只能住小旅館。然而當時，小旅館也是一床難求，我們就找到一家地下室湊合住了一晚，對裡面的場景至今印象深刻。我把自己的困惑跟仲介一說，仲介忙說沒有那麼差，不信可以親自去體驗一下，然後再定奪。

我將信將疑地跟著仲介來到了一家共享辦公空間，一看現場，心情頓時豁然開朗：「我的天，這也太敞亮了，太好了。」整個共享辦公空間的面積有一、兩千坪，雖然我租的那個屋子不大，但是外面的空間非常寬闊，要是嫌屋子裡悶隨時可以出來在外面活動。所謂「共享空間」就是外面的空間都是大家共同享有的，隨便你到處蹓躂、隨處辦公，無人管你，逍遙自在。

這可比原來的辦公室暢快多了，而且租金還降低了不少，CP值太高了，我趕快就租了一間。正好適逢新加坡辦公室租金上漲週期，提前解約對我和房東來說是雙贏的結局。因此雙方一拍即合，我就從原來的辦公室搬了出來，入駐了這個共享辦公空間的一個三人間。

立志二次創業的我就像一個上滿了發條的時鐘，開始滿負荷運轉起來，又恢復了年輕時那種旺盛的工作狀態，每天早上8點多就到辦公室了。沒想到，我正憋著一股勁要做出一番事業的時候卻遇到了鼻子「堵氣」這個劫，創業剛剛開始，便要「渡劫」。

有一天，我早晨上班，在辦公室待了一陣以後，突然忍不住打起噴嚏來，一串上氣不接下氣的噴嚏打完以後，兩個鼻孔就水腫起來了。七竅被堵上了二竅，能看能聽能吃卻不能呼吸，讓人坐立不安，個中滋味像是在受刑，鼻子一通像是刑滿釋放。

自從有了第一次之後，便一發不可收拾，隔三差五的，「上刑」的頻

率越來越短，到後來就成了每天的例行公事了。早上到了辦公室以後，基本到9點過後一串噴嚏就如約而至，下一個程序就是兩個鼻孔堵上了，完全不能呼吸，而且鼻子就像沒有關緊的水龍頭，鼻水不斷往下流，完全處於失控的狀態，既難受又難看。

後來我才知道，這是過敏性鼻炎。從那個時候開始，我跟這個鼻炎就開啟了一場持久戰。甚至有一段時間晚上坐紅眼班機飛到某城，去掛一個耳鼻喉專家的號，當天下午再飛回新加坡。過敏性鼻炎整整折磨了我三、四年，看了各路名醫，花了不少冤枉錢，最後還是中醫的針灸、艾灸給治好了。

這一段經歷，讓我意識到自由呼吸的珍貴，人們形容完成一件事很輕鬆喜歡說「像呼吸一樣自然」，可是等你嚴重鼻塞的時候肯定就不會這麼說了。世界上那些最珍貴的東西也許就是你現在最輕鬆可以得到的東西，輕鬆得你根本不知道珍惜，呼吸就是如此。

導致我鼻炎的罪魁禍首很快被找到了，它就是裝修後的室內空氣汙染。這個共享辦公空間是新開業的，剛裝修完，只要你鼻子不是太遲鈍就能感受到裝修味道的存在，這種裝修味道可以在室內陰魂不散很久。但我當時缺乏自我保護意識，也沒怎麼在意，反正早上到了辦公室，8點半冷氣來了，室內的溫度快速降下來以後，氣息一下子就涼爽了，也就不會注意到裝修的味道了。

況且人的適應力是很強的，當你在一個有味道的地方待久了，漸漸地這味道也就感覺不到了，因為你的嗅覺已經被環境同化了。但是，室內空氣汙染的特性之一恰恰是「低濃度、長期性」，日久天長，就會對我們的身體健康造成嚴重的傷害。

第一章　心有遠景，逐綠追夢　我的二次創業故事

　　過敏性鼻炎的發作讓我意識到了辦公室內的空氣可能存在汙染的問題，我就找了個空氣品質檢測儀，一測之後大驚失色，汙染物不僅超標，而且是嚴重超標。看到這個結果，我心裡的震動久久不能平息，思潮澎湃。

　　人類進入工業文明不過 200 多年，而世界各地大規模城市化其實連 100 年都不到，但就是這 100 年不到的時間，將無數的人們從大自然的懷抱中趕向了鋼筋水泥的牢籠裡，生活、工作、學習的場所與植被茂盛的自然環境割裂，祖輩們「天人合一」的生活模式在城市中變得不復存在。

　　新加坡是一座熱帶雨林氣候的花園城市，雖然綠化涵蓋率近 70%，但 90% 以上的人、90% 以上的時間是在室內環境中度過，每天早上從家裡出發，乘坐大眾運輸或者自駕，到達辦公地點，下班後又像倒帶一樣順著原來的路線返回。可以說我們一天絕大部分的時間都處於室內環境中，但是卻很少有人會關心室內的空氣品質如何。即使是真的發覺到環境的異常，更多的人可能也是像我一樣選擇去適應而非去改變，除非到了健康亮起紅燈的那一刻，一般人都難以覺醒。

　　然而，室內空氣汙染絕非區區一個鼻炎那麼簡單，在一些剛裝修好的室內空間中，人們長期吸入甲醛釋放出的有毒粒子，從外面的皮膚到裡面的五臟六腑，乃至神經系統和免疫系統都可能受到損傷和破壞，嚴重的還會致癌。室內空氣汙染也遠不只甲醛這一個品種，隨著空調的普及，炎炎夏日中很多人已經把它當成生活必需品，恨不得一天 24 小時待在冷氣房裡足不出戶，然而空調內部藏匿著各種病菌，隱然一個細菌大本營。室內空氣汙染，正成為人們健康的隱形殺手。

　　同樣，能夠關注辦公室空氣品質的公司也屬於稀有物種，很少有公司會在意建築物的通風設計。我們注意到全球各地大都市中的摩天大樓都是

> 創業，讓空氣更美好

密封無窗型的，沒有窗口設計或窗口不能打開，新鮮空氣只能由冷氣、新風系統匯入，而冷氣或新風的風速設定以人的體感舒適為標準，不是以交換 CO_2 和揮發性有機化合物為標準。因為，如果按照交換 CO_2 等有害汙染物為標準，室內的冷氣就像是西伯利亞寒流，在其中工作、活動的人們根本無法承受。

這些年，隨著人們健康意識的提高，不少人也開始反思城市戶外空氣汙染的危害，甚至有激進者不惜逃離城市回歸偏僻的鄉野。但這對絕大多數人來說代價高得難以承受，畢竟沒有幾個人家裡有礦或者工作幾年就實現了財富自由。況且，逃離城市不一定真的有益於健康，也可能恰得其反。有一位著名作家，從大都市逃離之後，在偏鄉一座遠離人間煙火的山上定居，他自認為找到了自己心中的桃花源。然而，當他13歲的兒子心臟病發作的時候，由於路途遙遠難行，救護車花了一個多小時才趕到，而這個時候孩子已經沒了呼吸，這位作家也因此成了眾人口誅筆伐的對象。

既然無法逃離，既然我們還要在城市生活和謀生，那只能去改變，何不把世外桃源的追求改變為建植室內花園！如何做到這一點呢？我想到了生態公司獨特地透過建植鄉土植物群落來改善、修復礦山和草原等野外自然環境的理念和技術，既然植物群落可以用來修復自然環境，那麼用它來修復室內辦公環境是不是也可行呢？

某次世博會的主題叫做「城市，讓生活更美好」，而我的創業也有了一個主題，那就是：創業，讓空氣更美好。因為鼻炎讓我深深明白了一個道理，如果空氣不美好，那麼城市裡人們的生活就無法真正地美好起來。

第一章　心有遠景，逐綠追夢　我的二次創業故事

▌共享辦公將革星巴克的命

　　犯了鼻炎之後，為了透氣，我常到共享辦公空間所在購物中心的一家星巴克去辦公，這使我無意中發現原來共享辦公空間的設計理念竟然是借鑑了星巴克。而在對星巴克和共享辦公空間的共性與個性進行全面比較後，我得出了一個「驚人」的結論：如果未來有誰能對星巴克們構成衝擊，那一定是共享辦公空間！

　　有了用植物群落來淨化室內空氣汙染的理想後，我就開始收集和研究各種資料，了解室內空氣汙染的成因以及解決辦法。

　　古人是「書到用時方恨少」，到了我們這個資訊時代，變成了資料找時卻恨多。一部小小的手機，上知天文下知地理，既方便又高效。然而，很快我就發現問題沒那麼簡單，自己所謂的「知道」其實是「被知道」。只要你關心了一下某個話題，那麼接下來大數據推送給你的資訊都是這個類型的，而且往往夾帶廣告，讓人不勝其煩。

　　這個現象背後其實是演算法在替我們篩選資訊，它認為符合我們胃口，我們愛看且願意不間斷看下去的內容就會不斷推送給我們。至於其他類型或者意見的資訊，演算法認為你不感興趣，乾脆也就不推送了。就這樣不斷地轟炸，把你的思維局限在一個狹隘的範圍內，一遍遍強化你的認知，最終綁架你的思維，讓你在思想上作繭自縛，無法自拔，這就是所謂的「資訊繭房」。

　　網站之所以敢肆無忌憚地利用演算法操控你，背後的邏輯還是基於人性，人們普遍愛看自己喜歡的，排斥自己反感的，這是天性。但如果你長期沉浸在這種「資訊繭房」中，也就失去了自己獨立的判斷能力，失去了思考真相的能力。

> 共享辦公將革星巴克的命

明白這一層道理之後,我就下決心從中跳出來,按照自己的訴求去尋找資料。要避免「偏聽則暗」,做到「兼聽則明」,就得全方面多角度地學習科學研究資料,了解事實,再根據自己這幾年來學習的累積沉澱和認知去做出判斷。於是從維基百科、線上知識交流平臺、Google……凡是能接觸到的管道我都認真地去搜尋和了解,很快發現這當中很多資料或者說法是互相打架的,這也激發了我深度學習的慾望。

在學習這些資料的同時,我對共享辦公這個業態產生了濃厚的興趣。我是那家共享辦公空間的早期客戶,剛入住那幾天人氣還相當寥落,但隨著一批批新租戶的入住,空間人氣也越來越旺。一轉眼我在空間已待了兩個多月,有一天,我突發奇想,看著萬頭鑽動的週遭,打算調查一下這個共享辦公空間的入住率到底有多少。

整個空間被分割為大小不一桌位不等的隔間,供不同需求的客戶使用。如果將各個房間的桌位數加起來,就是空間的總座位數。再用那些已入住房間的桌位數總和除以空間的總桌位數,就可以算出入住率。那麼問題的關鍵是如何得知哪個房間已經有企業入住了呢?我採取了一個簡單的辦法:凡是一個房間裡面的桌上雜亂地擺了東西就代表已經有人進駐,代表租出去了,如果沒擺東西或整齊地擺放,我們就假定房間還沒租出去,還是空置的狀態。

於是我和同事下班後就沒有離開,每人劃分一定區域,認真地數了起來。結果出來之後,讓我暗暗咋舌:短短兩個多月的時間,這家空間的入住率竟然高達 81.5%!而且這還只是入住率,而非簽約率。想必還有客戶已經簽約了,租金也交了,只是暫時還沒搬過來。

這個數字就像一個路標一樣為我指明了方向。我思索著,是否可以把

第一章　心有遠景，逐綠追夢　我的二次創業故事

這樣的空間加以改造，讓它變成一個生態辦公空間。當時生態公司在我家鄉有一個草博館，其中分為種子庫、植物標本區、組培區、育苗區等區塊，以及各種生態修復專案的展示區，以此來向參觀者展示生態公司的理念、技術、產品和生態貢獻。

我跟同事說，如果我們建一個共享辦公空間，不但能賺錢，有收入，而且可以就此打造一個像草博館這樣的生態空間，來展示我們利用植物群落解決室內環境問題的相關產品，將我們的理念、技術這類抽象的東西變成一種可觀可感的具象展現給目標客戶。接下來幾天這個想法一直在我的腦海裡盤旋，越想越覺得這是個好主意，將之付諸實踐的願望也就越來越強烈。

為了進一步弄清楚這家共享辦公空間的構造，我和兩個同事又用雙腳仔細地把空間丈量了一遍，把它的設計和布局摸了個透。我們不會像專業人士那樣畫圖，就模擬著在紙上瞎畫，比如一進門是櫃檯，櫃檯是什麼樣子的，櫃檯有幾個位置，櫃檯左側這一片有多少個房間，分別是什麼戶型，左側畫完再畫右側。再把那些所謂的共享座位區、固定座位區、共享休閒區、會議室、電話亭、獨立辦公室等一一畫出來。然後，我們再討論對方為什麼要這樣設計和布局，分析其優點和不足。

接下來，一有時間我們三個就在一起研究創辦一個共享辦公空間的具體操作流程。哪怕你是做一鍋餃子，也要對調餡、和麵、擀皮、下鍋等各個方面心裡有數，如果你想把餃子做得更好，讓食客們成為老顧客，提高回購率，那麼在食材的選擇，調餡的程序，和麵和擀皮的手法，下鍋時水量和火候的掌握上等方面都要有獨到的經驗。

開餃子店尚且如此，更不要說創辦一個共享辦公空間了，畢竟餃子賣

共享辦公將革星巴克的命

不出去還可以自己吃,共享辦公空間租不出去總不能都留給自己辦公吧。所以我們的原則是不僅要做好,還要比別人做得更好,因為我們是後來者,只有做得更好,才能吸引客戶,超越先發者。

偶然的一次機會,我竟然在星巴克找到了靈感。前面講我的鼻子在入住共享辦公空間一段時間之後患上了過敏性鼻炎,一發作起來進入鼻腔的氣流就像短路後的電流一樣被隔斷了,這種情況下我的工作狀態也跟著斷電了。為了透氣,我常移步離開共享辦公空間到外面開闊的地方去辦公。

這家共享辦公空間其實是建在一家購物中心裡邊,購物中心中間有一家星巴克,它不是密閉的,是完全開放的。就是這麼一個優點,讓這家星巴克成了我無奈之中一個新的辦公地點。

在聞著咖啡的香味構思事業藍圖的日子裡,有一天,我無意中發現原來共享辦公空間的設計理念竟然借鑑了星巴克。星巴克的空間布局中常可見到沙發區、卡座區、高腳桌椅區和方桌或圓桌區,共享辦公空間中的家具布置往往也是這幾種形態,分散式擺在空間內,讓人感覺這是一個品味很高、很愜意的休閒商務區。

事實上,雖然發現這個祕密的人可能不多,但藉著喝咖啡為名到星巴克辦公的人卻為數不少。顯然這對於星巴克來說是很不划算的買賣,或許為了彌補這樣的損失,又或許從中發現了商機,2020年3月星巴克與日本鐵路公司聯手在東京創立了首家付費辦公咖啡廳。有人認為,星巴克的入場會讓共享辦公領域的玩家產生危機感,畢竟其品牌、口碑和形象都是一般的共享辦公營運商所難以比擬的。

但我對此卻持相反的意見,嘈雜的環境注定難以讓咖啡廳成為理想的辦公場所,設想你在跟客戶聊產品的時候,旁邊卻有一對小情侶在卿卿我

我，那種感覺會有多彆扭！再者，咖啡廳也不適合團隊凝聚，更多是一種個人的臨時選擇，在這裡辦公勢必無法長久。

反過來，我倒覺得未來共享辦公空間會革了星巴克們的命。星巴克們是收了咖啡的錢，限時、免費占用空間。而共享辦公空間是收了空間的錢，免費、不限時、不限量地喝咖啡，同時自由使用空間中的其他商務設施。假如在星巴克連時間都無法免費，而在共享辦公空間卻有免費的咖啡喝，你會選擇哪一個呢？

畢竟讓辦公空間越來越舒適比讓咖啡越來越好喝更加容易。你完全可以在辦公空間中感到疲倦的時候，在休閒區喝著咖啡，看著窗外的風景或者欣賞身邊俊男美女認真工作的樣子──有人說，人最有魅力的時候就是認真做事的時刻，也許未來不少了不起的靈感和創意會在這樣的時刻誕生。

此外，共享辦公空間是連鎖布局，尤其在 CBD 可以隨處找到同品牌的空間坐下來免費享受咖啡、茶飲，辦公，會談，還可以在開放休息區與陌生人攀談社交──相對來說，在咖啡廳與陌生人攀談略顯尷尬。同時，透過參加共享辦公空間組織的各種社群活動，可以快速獲得豐富的商務資源。這些都是一般的咖啡廳難以企及的。

當然，共享辦公空間要想革了咖啡廳的命，首先要成為人們主流的辦公方式。我相信，隨著未來的共享辦公空間在環境上不斷最佳化，在功能設施上不斷改進，在服務品質上不斷提升，一定會獲得越來越多人的認可，這一天很快會到來！

事實上，新加坡靈活辦公空間的市場表現在疫情大流行後正迅速恢復元氣，朝著好的方向發展。2023 年 5 月 9 日，《聯合早報》在一篇名為「共用

人工作的室內空間

工作空間租用率今年首季恢復至疫前水準」的報導中提及：仲量聯行（JLL）此前釋出的資料預計，本地到 2030 年，包括共用工作空間和服務式辦公室在內的靈活辦公空間市場，將從目前占總辦公空間的 5%增加到 25%，並且超過三分之一的企業計劃在未來幾年加快對靈活辦公空間的投資。

人工作的室內空間

在 O2WORK 剛剛創立的時候，面對紛繁蕪雜的業態，我們一度也陷入了困惑，到底 O2WORK 真正的定位是什麼？一番苦苦思索和求索後，我們最終明確了「人工作的室內空間」這一理念，如果辦公空間不能做到以人為本，以人的身心健康為本，那麼再好的設施，再多的功能也是捨本逐末。於是，「人工作的室內空間」就此成為指導我們創業和工作的核心價值觀。

我在研究新加坡共享辦公空間的同時，也透過各種管道研究世界上其他國家的共享辦公模式，在對比分析中尋找最理想的解決方案。其中有兩個國家的共享辦公模式的對比給了我很大的啟發，讓我受益良多。

2015 年 A 國開始有了共享辦公業態，到了 2017 年進入發展的快車道。但好景不長，僅僅過了一年，2018 年就盛極而衰了。時至 2019 年，更是出現了嚴重的衰退。2017 年我開始收集這方面資訊的時候，就發現介紹 A 國共享辦公品牌的文章裡邊的一些關鍵詞語簡直不知所云，超出了我的常識，這讓我一度陷入了茫然之中。而這種茫然又轉化為好奇心，促使我進一步下沉研究。

隨後我看了很多這方面的資料，有的是針對整個行業的，也有不少針

第一章　心有遠景，逐綠追夢　我的二次創業故事

對各個品牌的獨立報導。我把每一個品牌報導中的要點和資料一一摘錄出來，進行詳細地對比和系統的研究。與此同時，我和兩位同事，也是後來創辦 O2WORK 的兩位聯合創始人劉珍妮、王峰才也開始了對新加坡各個品牌共享辦公空間和服務式辦公空間的深度調查，到每個品牌的多個空間去現場尋找答案。

剛開始調查的時候，由於經驗不足，著實吃了不少苦頭。新加坡的氣候本身對頻繁出門很不友善，要麼大太陽，要麼大雨，陰晴不定。而我們又沒有提前準備，下了車之後，找不著目標辦公空間的事情時有發生，很多時間和精力都花費在無意義的奔走上。後來我們學聰明了，每次出門都提前在 Google 地圖上定位，同時打電話預約。

我們在以租戶的身分對多個共享辦公空間和服務式辦公空間進行深度調查的過程中，進入每一個不同的空間，首先了解不同戶型辦公室的租金配套，同時了解其共享座位、固定座位、會議室、事務機等的收費標準。剛開始我們總是匆匆忙忙，不敢問太多。等回到辦公室整理時，才發現許多方面都沒有了解清楚。

磨練幾次之後，臉皮也厚了點，再加上每次回來後不斷總結，摸索出一些門路，我們三個就做了分工：劉珍妮英語好，負責跟櫃檯工作人員以及銷售人員交流，了解情況；我和王峰才就到處看看，參觀參觀，徵得同意後盡可能拍照。我負責檢視開放區域家具的樣式、數量，地板和地毯的顏色，天花板的開放度和造型等，了解其造型、顏色、功能布局等設計理念；王峰才擅長記數，負責空間裡各個房間的戶型以及入住情況的統計和分析。

在深度調查的時候，我們透過與本地從業人員反覆地面對面交流，才明白新加坡的共享辦公空間和 A 國的共享辦公空間完全是貌合神離。我

們把媒體報導中關於 A 國共享辦公空間那些核心詞彙拿來詢問新加坡的同行，結果人家根本就不能理解，好像不在同一個宇宙中似的。為什麼會這樣呢？我知道，如果要把共享辦公做好，這個問題非得弄個水落石出不可。

原來，當時 A 國的共享辦公空間幾乎是學習 WeWork 的思路。WeWork 一度以「全球創業者社群」作為其品牌定位，似乎來這裡重點不是辦公而是社交。而在新加坡，共享辦公空間就是企業辦公的地方，企業對其的定位很單純，就是一個靈活、經濟的辦公場所。

2018 年，我在一篇來自 A 國的關於共享辦公的報導中看到了這樣一段話：「什麼是共享辦公空間？最不像辦公室的所謂辦公空間就是『共享辦公空間』！」這為我帶來了深深的困惑：共享辦公這個業態的本質到底是什麼？

我邊學習邊調查，邊調查邊學習，不斷跟共享辦公市場中的業內人士溝通交流。此外，新加坡有很多專業的房地產經紀公司，從業者往往素養很高，我們也從這些房產仲介嘴裡獲取了不少有價值的情報。

這樣，我們一邊調查，一邊學習討論。將各方面的資訊匯總探討後，我們最終確定了共享辦公的本質，那就是「人工作的室內空間」。

何謂「人工作的室內空間」？在過去，無論你是在什麼辦公室辦公，自有辦公室也好，服務式辦公室也好，共享辦公室也好，定位無非是企業的辦公場所，以企業為主體。而辦公室的選擇，一般也是老闆親自確定的，老闆確定了後，再安排相關人員去落實。

我也問過一些老闆，你選辦公室，最重要的標準是什麼？後來我發現企業選擇辦公室的第一標準是體面，其次為地點，然後才是價格。不過，

第一章　心有遠景，逐綠追夢　我的二次創業故事

不同層次的公司對待體面的標準是不一樣的，就像有的人開勞斯萊斯才覺得體面，有的人開 BMW 賓士覺得體面，而有的人開輛經濟型轎車就覺得很體面了。所以，一般企業選擇辦公室其實是體面、地點、價格這三個層面衡量的結果。

當然，體面的理念也會與時俱進，就像早些年人們可能覺得開一輛電動汽車很 low，但是現在很多人已經覺得開特斯拉比開 BMW 賓士更體面了。同樣的，在未來隨著人們意識的進步，也會有越來越多的人覺得在共享辦公室裡辦公比在傳統辦公室更「體面」，而在綠色、自然、低碳、宜居的生態辦公空間辦公最體面。

其實，比起「體面」，共享辦公空間更大的優點是「體貼」。以前一家企業在選擇辦公室的時候，員工的需求往往是被漠視的。因為在老闆們的眼裡，員工只不過是企業這臺機器上的一個個配件，只能被動地跟著機器運轉，而不能有自己的主動權。

但是時代不一樣了，現在的年輕人出生和成長的環境已經和他們的父輩截然不同，特別是隨著網際網路經濟的發展，網際網路思維也深深地扎根在年輕人的頭腦中，自由、開放、多元、包容，他們不再滿足於當機器上的配件，在圍繞企業「公轉」的同時也渴望個人的「自轉」。而當這些年輕人成為公司的高階主管，有了更大的話語權之後，他們就會著力推廣自己的理想，形成新的職場文化，與之直接相關的就是辦公環境的選擇。

面對這批活躍著網際網路思維的年輕人，如果我們再把辦公室搞成傳統的模式，正如我跟人們開玩笑說的，日光燈照著一個個小格子，就像養雞一樣養著員工，他們是不能接受的。一個直直的中軸線般的走廊，兩邊都是排列整齊的房間，或者辦公室，或者會議室，劃分成一個個格子，員

人工作的室內空間

工們就在這一個一個的格子裡邊辦公。也許在這批充滿活力的年輕人眼裡，這不像辦公室，倒更像集中營。

所以，現在的老闆比以前更不好當，你要學會關注員工的偏好，也許你的員工中不少人是喝著咖啡長大的，受到了星巴克的那種氛圍的影響，潛移默化中，他就是喜歡共享辦公空間這樣的辦公場景。

在確定了「人工作的室內空間」這樣一個理念以後，緊接著我們開始思考如果創立一個共享辦公空間，這個品牌應該叫什麼，所謂「名不正則言不順」，命名是一件很嚴肅的事情。一開始，我定了個「O2Bar」的名字，寓意氧吧。後來我連名片都印好了，發給朋友們，廣而告之：我們要做這個事業了，已經成立公司了，都開始在選址了……

有一個新加坡本地的朋友，平時愛喝酒，看到名片上的「Bar」後眼睛都亮了，忙跟我說：「你什麼時候開酒吧了，也不請我，太不夠意思了！」我哭笑不得，只好跟他解釋說我們不開酒吧，是開共享辦公空間的，你要想來喝咖啡可以，喝酒就找錯了地方。朋友說，那你怎麼叫「Bar」啊，在我們新加坡一看這個「Bar」，那就是酒吧。

朋友這一番話猶如醍醐灌頂，於是我們就把這個「O2Bar」改成了「O2WORK」，中文叫環境友善型的共享辦公空間，但是這個稱呼又顯得太長了，隨著我們對自身定位理解的深入，最終定格為生態共享辦公空間。

所以，跨國創業的過程當中，對當地文化的了解是非常重要的。創業前，一定要搞清楚當地的民俗、文化、法律等東西，你的事業在當地才有可能生根發芽，扎根成長。否則的話你跟人家成了平行線，永遠無法相交，自己在那裡一廂情願地瞎忙，那樣的國際化只能是痴人說夢。

成功始於高標準嚴要求

好的開始是成功的一半，而對共享辦公空間來說，這個開始就是選擇物業和裝修商。由於我們從一開始就立下了盈利的目標和生態的理念，因此必須同時做到成本控制和品質把控，也就是低成本、高品質。為此，我們不斷摸索，總結出了一套獨到的經驗。並且，在做事中，我們堅持高標準嚴要求，於細微處見精神，在平凡中見真章。選擇物業和裝修為 O2WORK 的成立奏響了一個美好的前奏曲，其間的歷練也為我們後來的工作帶來了深遠的影響。

打算正式加入共享辦公空間這一賽道之後，我們就對新加坡的辦公室物業展開了調查。在找不同的房地產仲介看不同的物業的過程當中，我們發現這些房地產仲介都會向你報高價，因為他們的收入是房東給的，基本上是按照一個月的租金，租金越高他們的收入也就越高。對房東來說，這也是一個喜聞樂見的結果。從這一點來看，不同國家的仲介本質上並無不同，很多人認為房地產仲介對當地房價和租金的上漲負有不可推卸的責任，因為仲介的佣金是跟房地產交易價格或者租金直接掛鉤的，一榮俱榮，一損俱損。

在來回詢價比價的過程當中，我又發現在新加坡這種國際大都市經常會出現一些新的地標建築，這些地標建築出現以後，一些大型的跨國公司或者是本地最有影響力的公司就會相繼進駐，而這些大公司入駐新地標建築其實所花的租金並不高。原來他們雙方形成一種默契，我給你優惠，你過來替我捧場。但等到物業的出租率達到一個比較高的比例後，譬如達到 70% 以上的時候，業主就會開始漲價。因為有了大公司帶來的品牌影響和高出租率帶來的「羊群效應」，後面招商就容易多了。而我們由於缺乏大公司的話語權，想進這些地標建築只能挨宰，忍受高價。

> 成功始於高標準嚴要求

　　這個時候逆向思考啟發了我，我想到這些大公司也是從舊的地標建築搬過來的，這邊給了他優惠價，吸引他搬出來，這對他來說是個利好，但對他原來的那個房東來說，卻實實在在是一個極大的利空。因為這些大企業家大業大，租的面積自然也大，一搬走就會騰空很多層。對以前的房東來說，這些樓層多空置一天就意味著流走了很多白花花的銀子。

　　想通這個問題以後，我就知道應該怎麼做了。好，人棄我取，人退我進。那些大公司剛進入的新地標建築我們避其鋒芒，調轉車頭去找那些大公司搬出去的舊地標建築，他們正面臨龐大的出租壓力，見到我們就像見到救星一樣，這個時候很容易談下一個理想的價格。

　　後來我們選物業就是按照這樣的邏輯，哪一棟辦公室有大企業搬走，騰空了大片樓層，我們就反其道而行之，進入那棟大企業搬出去的辦公室；大企業進入最新的地標建築，我們就進入次一級的舊的地標建築。租金是決定共享辦公空間成本高低最核心的一項，現在這個問題有了一個非常好的解決方案。

　　物業租好了，下一步就是室內裝修了。以前我自己家也是隔幾年就換房子，但裝修房子一直都是我太太在操持，我自己樂得撒手不管，因為我一看見那些畫著密密麻麻線條的設計圖就頭大。但是做好室內裝修是做好共享辦公空間舉足輕重的一環，如果你純粹是一個外行，又如何知道裝修好不好，對於裝修的品質又如何掌控？因此，就像讀植物學、土壤學、營養學、生態學一樣，責無旁貸，我必須硬著頭皮去學那些裝修的知識。

　　我想，好歹自己也讀了兩個碩士，也創業成功過一回，不信幾張設計圖還能把自己憋死。一個好的主婦能上得了廳堂，也能下得了廚房，一個好的老闆上能有領導能力，下也要有工匠精神。這樣不斷替自己打氣，堅定自己的信心，就開始看那些平面設計圖、3D 效果圖，學習相關的知識。

067

第一章　心有遠景，逐綠追夢　我的二次創業故事

　　和裝修商接觸的過程當中，我們也找到了一個有效的節約成本的方法。

　　在新加坡這邊，如果你沒有確定好物業，沒有物業平面圖，裝修公司是不會跟你談判的。後來我們只好選了一個有把握拿下的物業，拿了它的平面圖找了幾家裝修公司來談。這一談不得了，沒想到裡面的水竟然這麼深，報價差別之大超乎我們的想像。原先我以為大家的報價可能略有差異，選個便宜的就行了，等看到差距這麼懸殊，反而不知道該怎麼辦了。

　　一番思索之後，我請同事把每一個大項列出來，然後對比幾家裝修公司的報價。幾個大項比完後，再從裡頭找出最大的成本項，就是哪一個項目花錢多，挑出來我們接著再去比。比完了再和裝修公司談，談完了再比，經過這麼幾輪下來，我們終於搞清楚了：裝修中最大的成本是什麼？是隔牆、木門和家具！

　　看來木門和家具我們不能讓設計裝修公司負責，得找木門和家具的專業供應商直接採購，這樣才能最大程度降低成本。於是我們找來了木門和桌子、椅子、沙發這類辦公家具的供應商，每種找三家五家對比，看它的管道如何，品質如何，然後再對比環保認證標準。

　　後來我們發現，設計和裝修竟然是可以分開的，於是尋覓之旅又開始了。我們找了專門的設計公司，詢問報價，又找設計裝修一體的公司，讓它設計和裝修分開報價，這樣可以把兩者的設計報價進行一個比對，孰優孰劣，一目了然。

　　就這樣，我們經歷了漫長的學習和對比的過程，最後才找到一家比較可靠的、報價水分很低的合作夥伴。在這個過程當中，我察覺室內裝修這個行業特點鮮明，但外行人卻知之甚少。我們絕大部分人都會面臨設計裝

> 成功始於高標準嚴要求

修的服務，但是絕大部分人卻都無從了解設計裝修的內情或隱情。

為何如此？因為室內的設計裝修一般工期很短，你可能還沒有了解到皮毛對方就已經開工了，而亂糟糟的施工現場很少有人願意待在那裡檢查監工。同時，在詢比價的時候，一般只是簡單的貨比三家。其實這是一個失誤，應該是貨比三檔，每檔再比三家。因為不同的設計裝修公司天然的就在這個市場當中形成一個層次，一家高層次的裝修公司你得找另外的高層次同行跟他比才有價值，就是同一檔貨比三家才有意義。如果你找來不同等級的裝修公司對比，從中選了一個最便宜的，最後也許你是花了中檔的錢做了一個最爛的活。找裝修公司不是田忌賽馬，因為你的最終目的不是為了把這些公司分出個高下勝負，而是要在權衡比較中找到最適合自己品質和預算要求的裝修公司。

我們第一個空間選了一個自認為很可靠的裝修公司，因為對方曾經裝修過共享辦公空間，有這方面的經驗。但是工程做到一半的時候，我們才知道其實這家公司當時負責共享辦公空間裝修的設計人員和工程監理人員早已經被 WeWork 挖走，整個熟悉共享辦公空間的團隊被 WeWork 一鍋端走了。

換句話說，這家公司替我們做設計裝修的所有人都不了解共享辦公空間，都在摸石子過河，把我們當試驗品。而共享辦公空間和傳統辦公室在裝修上是有極大差別的，如果是一家公司自有的辦公室，一般只需要對會議室和老闆辦公室隔音，至於其他的房間就沒有太大的要求，如果有太大要求反而不正常了。但共享辦公空間裡的每一個小房間都是一家獨立的公司，如果在辦公室能聽到左鄰右舍的人說話的聲音，就會對自己的辦公造成干擾，這是難以接受的，所以每個房間之間的隔音要求是非常之嚴格的。

不幸的是，由於負責我們空間裝修的設計人員和施工人員都沒有參與

第一章　心有遠景，逐綠追夢　我的二次創業故事

過共享辦公空間的設計和裝修，他們本著經驗主義，以普通辦公室的標準來設計裝修，結果就壞事了。後來只好重做，但重做就得增加費用，引發了雙方之間的爭議，非常麻煩。隔行如隔山，這句話真的有道理。因為，許多事只有做了才知道其中的差異。

我把共享辦公空間作為自己二次創業的突破口，下定決心排除萬難也要把這件事情做好。從裝修前每一次設計圖的討論，到施工中每一個細節的現場監理，我都全程參與，親力親為。甚至材料的入庫，垃圾的清理，每天施工過程帶來的粉塵、異味的清理和排除我都要親自參與。而且，我還養成一個習慣，任何的工作內容都要寫出來，因為只有寫出來才能弄明白，你寫出來了，自己弄明白了，再說出來給別人聽，就能教會別人去做了。否則，就是一鍋粥。

如果我們創業初始就在行動上和精神上都全力以赴，面對每個問題都竭盡所能去尋找最好的解決方案，不因事雜而懈怠，不以物微而疏忽，那成功的機率就非常高了。

「無味」和「有味」之間

作為一家生態共享辦公空間，我們的創業理念可以圍繞一個「味」字形成貌似矛盾的兩個方面，一則「無味」，一則「有味」。所謂「無味」，是指我們以淨化室內空氣為己任，讓危害人體健康的裝修汙染和高濃度CO^2在空間之內無處藏身；所謂「有味」，是我們利用以葉菜為主體的植物群落來建構獨特的生態景觀，達到清新脫俗，雅緻可愛的審美效果，這樣的辦公環境在會員看來也是充滿品味的。

「無味」和「有味」之間

　　經過大家的不懈努力，O2WORK 位於新加坡 CBD 的 Odeon Towers 頂端兩層的第一個生態共享辦公空間終於在 2019 年 9 月 2 日開業了。空間開業後可謂盛況空前，在業內也是帶來了**轟動**。毫不謙虛地說，這個結果早在我們的意料之中，因為開業前發生的一件事已經讓我們信心滿滿，像拉滿的風帆一樣，蓄勢待發。

　　那時我們還在緊鑼密鼓地裝修中，一天，來了一位女士，從她的身形一看就知道是個孕婦。由於我們正忙著施工，裡邊相當雜亂，看她有孕在身，也不敢讓她到處走，怕哪裡撞了、碰了，擔不起這個責任，就簡單地向她介紹了生態共享辦公空間的理念、特點。問她怎麼知道 O2WORK 的，她說是朋友推薦的。問她需要什麼樣戶型的辦公室，她說只是過來看看。

　　突然間，這位女士問了一個很重要的問題：「你們還在裝修期，怎麼沒聞到什麼味道？」原來，她到我們這裡之前，已經在周邊轉了好久了。她確定要在我們這個區域，也就是附近幾個地鐵站的周圍找辦公室，花了不少時間把意向區域內的標的都踩點了一遍，看了很多辦公室，但每次都乘興而去，掃興而歸。她說：「遺憾的是，哪怕已經裝修好三年、五年的辦公室，我一進去都可以聞到裝修的味道。」她介紹說自己本身就對裝修的味道十分敏感，加上又懷了小 baby，擔心室內空氣汙染對孩子帶來不健康的影響，所以遲遲不能抉擇，一心想找一家比較放心的辦公室。

　　了解了她的情況後，我就向她介紹我們的生態優勢：我們所有的裝修材料都必須是符合綠色環保認證標準的，包括膠木地板、地毯、膠水、石膏隔板、油漆、油漆、家具等。我們的膠木地板不用膠，用的是公母扣，地毯我們用的是綠色環保的水膠，家具的複合板材都是 E0 標準的等等。她很認真地聽完了，說：「好，等你們快裝修完我再來看看。」

記得那是2019年8月25日，這位女士又來了，進來一看，欣喜道：「沒想到你們這麼快就裝修好了。」然後她到處轉了一下，說：「還真的是沒有味道，剛裝修好就沒有味道。好，我定下來了，辦公室就選在你們這裡。」

對方的肯定給了我們極大的鼓舞，因為她是從客戶的角度以挑剔的眼光來評判的。如果是我們自己拿自己的產品去跟別人比，未免帶有主觀偏見，就像一個家長總是覺得自己的孩子最好一樣。而且這位女士作為一名孕婦，為了孩子的健康著想，她在尋找辦公室的時候是帶著最嚴苛的標準，她說自己好比一臺行走的空氣監測儀。能夠通過她的考核，無疑說明了我們的品質是絕佳的。

這位女士還告訴我們，她是英國一家上市公司在新加坡的首席代表，她公司上下游的客戶也會為我們帶過來，因為我們有如此好的空間，一定要廣而告之，讓更多人享受到這樣優質的辦公環境。後來，她真的幫我們介紹了五、六家客戶，包括英國、法國，以及其他歐洲國家的上下游客戶。

從2019年9月2日開業，到2020年3月30日，僅僅半年多的時間，我們差一點就實現了100%的出租率。

2020年3月30日那一天，一個客戶的老闆和行政負責人都過來了，老闆反覆看了所有的房間後，請我們按照他們的要求把空間中剩下的全部房間都布置好。老闆說下週就會付錢，4月分他們就會搬過來。

如果這個客戶能夠入住，作為新加坡共享辦公界的新生力量——生態共享辦公空間，我們僅僅用了六個多月就達到100%的出租率，相信這在業界肯定會成為一個不小的新聞點。

結果不巧的是，隨著全球疫情愈演愈烈，病例不斷攀升，4月3日下午4時，李顯龍總理宣布新加坡將關閉除基本服務外的大部分工作場所，

該措施從4月7日起生效,永續一個月至5月4日。那個客戶一聽政府要封城了,自己也沒辦法來辦公了,何必再花這個冤枉錢呢,所以我們就只能暫時和滿租失之交臂。

接著,新加坡進入了40多天的封鎖期,大家足不出戶。之後,如果企業的個別員工有必要回辦公室上班,可以向人力部申請特批,人力部還是會批准的。因為各行各業的情況不同,有的行業沒辦法完全線上辦公,還是得有人回到現場處理一些事情。所以,我和兩位創業夥伴就藉此機會回到O2WORK繼續工作,後來這種工作狀態就再也沒有中斷過。

哪怕是「Delta」新冠病毒疫情最嚴重的時候,我們也沒有停止過規範化、標準化、制度化的工作流程整理。這樣的整理早在創業初期就開始了,比如說對同業空間的考察規程。考察的時候我們要看哪些東西,哪些地方我們要用步伐測量,哪些東西我們要盤點——盤點不僅包括房間、戶型、入住率這些重要的項目,甚至包括地板、地毯、家具是什麼材質和款式,顏色和搭配如何。所有這些東西,我們都會列表統計,定好規程一路地做下來。

到了裝修時期,室內設計師如何篩選,室內裝修商如何篩選,裝修過程如何監理,裝修完了如何驗收,我都是全程參與,然後不斷地整理、完善規程,到後面已經形成60多個操作規程、流程圖、表單,一套完整的營運管理體系就在這個過程當中一步一步地建立了。

空間正式營運後,日常的巡查養護就開始了,其門類瑣碎繁多,更需要精細的規程來保證。比如說,第一步,你要進門,進門那裡有一塊歡迎客人的墊子,這個墊子有沒有放歪了,是不是靠門太近妨礙開門了。再如巡查茶水間,茶水間檯面咖啡機底座的周圍是否有噴濺的咖啡汙漬,杯子

第一章　心有遠景，逐綠追夢　我的二次創業故事

的底面、杯把下端，還有櫃子的外立面、垃圾桶投入口的蓋子、地面等，這些容易被人忽視的地方有沒保持整潔有序。越是不起眼的地方，越需要完善的操作規程，否則時間一長就會留下很多「盲點、汙點」，很不雅觀。

我常和同事們分享：會員選擇我們需要貨比三家、五家，需要比地點、比大廈、比設計、比裝修、比功能、比價格、比服務等等，過程勞心費力。可如果我們的衛生清潔做不好，一個小問題就會讓會員拋棄我們。而且，他們還會把這些負面資訊傳遞給自己的朋友、客戶等，到時誰還願意來入住我們的空間呢？

我們向業主整層租賃辦公室，按照約定，樓層的廁所由業主委託的清潔公司負責打掃。但廁所基本上是我們的工作人員和會員、訪客在使用，所以，我把廁所也列入我們員工巡查的工作範圍之內。有句話說，看一個城市的文明程度，就看它的廁所。城市尚且如此，更何況一個生態共享辦公空間。

我不斷向同事們申明：當你去廁所的時候，你要仔細檢視裡面是不是有問題，如果是力所能及的衛生問題，比如洗手槽裡面的汙漬殘渣，你就用紙巾把它擦一擦，沖洗一下，及時處理了；如果說是你自己無法解決的問題，就要馬上向大廈的物業人員報告，請他們趕快來處理。據說臺灣人有個信條——一個飯館值不值得去，只需要去看看它的廁所。此話非常有理，雖然我們不是開飯館的，也許衛生方面的要求沒那麼高，但我們的空間是以生態為靈魂的，環境就是我們的招牌，如果連廁所都沒有辦法管理好，又如何讓會員信服？

如此種種，我都是事必躬親，每一個環節、每一個步驟都親自參與，每一個細節都反覆體驗，最後形成一套可操作的規程，並且在工作中根據

需求不斷加以改進和完善。

作為一家生態共享辦公空間，我們的創業理念可以圍繞一個「味」字形成貌似矛盾的兩個方面，一則「無味」，一則「有味」。所謂「無味」，是指我們以淨化室內空氣為己任，讓危害人體健康的裝修汙染和高濃度 CO_2 在空間之內無處藏身；所謂「有味」，是我們利用以葉菜為主體的植物群落來建構獨特的生態景觀，達到清新脫俗，雅緻可愛的審美效果，這樣的辦公環境在會員看來也是充滿品味的。

「無味」和「有味」相輔相成，相得益彰，因為無味，雅潔的環境讓人輕鬆自在，精神煥發，越看越有味道；而植物群落的淨化和除菌能力又讓室內的空氣得以不斷淨化，因此更加無味。同時，由植物群落建植的生態景觀還可以有效舒緩人們的眼疲勞、精神壓力，並愉悅心情，提高注意力集中度。

改行種菜，與國同夢

為了解決花盆過多對室內生態景觀的破壞，我們研發了「室內智慧生態屏風」。然而，在對綠植的種植測試中，聰明的植物竟然在陽光普照的環境中只長根鬚不長高，這讓我們的研究陷入了困境。後來，朋友的來訪幫我們解開了這個結，原來最完美的解決方案是種葉菜！葉菜的特性不僅可以將生態功能發揮到極致，而且種植葉菜還讓我們的研究成果能夠助力實現新加坡「30·30農業願景」。

我們的第一個生態共享辦公空間開業之後，市場反應非常好，這給了我和兩位創業夥伴很大的信心。於是，我就想把這種環境生態、健康辦公

的理念和模式進一步推廣。當時我對生態共享辦公空間的定位是一方面作為一個主要業態，另一方面作為我們室內環境生態最佳化的一個模範空間和體驗店。我覺得，既然這個空間這麼成功，能不能向外輸出，複製到更多的辦公室，幫客戶按照我們的標準做室內的生態設計和生態裝修，讓室內環境的生態水準有品質的提升，從而使更多的企業和員工能夠享受到這種綠色、自然、低碳、宜居的生態辦公空間。

接著我就邀請了本地幾位相當出名的設計師過來參觀會談，談話的主題是把我們的生態設計跟他們的室內設計結合起來，向更多重視辦公室環境和空氣品質的公司推廣開來。但是，到訪的兩位設計師都向我潑了冷水，說我這個思路根本就行不通，「對於我們設計師來說，你能夠把植物養得這麼好，而且你們又有植物群落這種新的理念和技術，雖然我們聽不懂，但覺得是很有道理的。問題是你到處擺放密密麻麻的花盆，不僅不美，甚至可以說是很醜的。」

老實說，這番話讓我難過了很長一段時間，不過現在回過頭來我卻要感謝設計師們的直言不諱，如果沒有這番批評也就沒有後面我們的轉變了。

我一看這些優秀的設計師根本不認同自己的思路，心底不禁洩了氣。如果找來那些眼光不佳的設計師，根本不具有代表性，因為他們做的那些客戶一般等級也不高，不可能關注室內空氣品質。

我們從 2017 年開始，就和南洋理工大學的陳鍾博士合作進行室內植物群落的研發。我就向陳鍾博士請教：花盆多了確實不是很雅觀，說不定對於那些有密集恐懼症的人還會造成很大的心理壓力。但是不擺花盆，綠植放哪裡呢？如果換成槽子，那跟花盆又有什麼本質的差別呢？

> 改行種菜，與國同夢

　　陳鍾博士還真的幫我解開了這個結，他告訴我有一種叫做「垂直水培系統」的東西，不僅占地面積小，而且能夠種的植物株數還多。如果打造一個垂直水培系統，將它放置於我們的生態共享辦公空間內，不就解決問題了嘛。而且這個東西不用遠求，在他們實驗室就有。

　　我一聽，覺得很有道理，趕緊跟同事從網路上搜尋了解這種垂直水培系統。可一搜一看我又洩了氣了，那些東西都是由一些塑膠架子、塑膠管子拼接起來的，一看就給予人「土、Low、醜」的感覺。我說這個東西怎能放在 A 級辦公室裡頭，放在生態共享辦公空間裡頭，好像劉姥姥進大觀園一樣，和環境根本不協調，放在室內農場，放在餐廳後面偏僻的角落還差不多。

　　經過討論，大家覺得這東西得依靠我們自己重新設計才行，把顏值和智慧控制提升起來。現在都要進入工業 4.0 時代了，還愁設計不出一個理想的款式。能工巧匠比比皆是，我們就四處尋找願意配合做這件事的代工廠。在這個過程當中，我們也不斷思考這個東西具體的定位。經過研究討論後，我們初步決定稱之為「室內智慧生態屏風」。

　　屏風這個東西古已有之，上至皇室貴胄，下至黎民百姓，家裡放置屏風都是司空見慣的事情。屏風的「屏」字本意就是屏退、擋住的意思，也就是把風給擋住，但在密閉的空間內無風可擋，我們真正要阻擋的是濁氣，是空氣中的汙染物，透過裡面的綠植實現生態重塑，所以叫「生態屏風」。

　　後來我上網調查屏風常見的尺寸，發現比較普遍的屏風高度是一百七十公分，看來這是一個美學高度，於是我們就定下來採用一百七十公分的高度。另外占地要小，又要看起來美觀，經過反反覆覆地討論，歷時近兩

年，一直到2019年才最終成型。

2019年12月分，第一臺生態屏風樣機坐飛機遠渡重洋到了新加坡，大家一看都齊聲讚好，我們就將它擺在第一個生態共享辦公空間裡面，開始種植測試研究。

隨即，陳鍾博士開始測試哪些植物品種可以在這樣的一個載體當中生長，以期讓這些品種的植物組成植物群落，團隊合作，發揮合力最佳化室內環境。在研發的過程當中，我們有了一個讓人糾結的發現，一方面植物的智慧讓我們嘖嘖稱奇，但也正因為植物擁有智慧，讓我們不得不跟它們鬥智鬥勇，因此飽嘗了苦頭，研究也一度陷入了僵局。

戶外的植物為什麼努力長高？是為了爭奪陽光。如果不需要爭奪陽光，其實它們可以不用長這麼身材高大，就像長頸鹿為什麼脖子那麼長，是為了吃到更高處的樹葉，否則誰願意挺著這麼長的脖子，不累嗎？那植物不長高長什麼？長根。因為植物吸收能量之後，自己會有一個取捨和調節。在野外有不少競爭對手，一旦侵入它們的領地之後就可能跟它們爭奪陽光雨露，植物又沒辦法像動物一樣和對方決鬥，只好吃悶虧，更沒辦法像人一樣拚爹拚娘，只能自力更生。唯一的辦法就是超越對方。長得高，就可以享受到更多的陽光，獲得更多的生機。

可是在我們打造的「室內智慧生態屏風」裡，植物們卻一反常態，不願意長高了。因為「生態屏風」裡邊有補光系統，這下陽光普照，它們不需要爭奪陽光了，也就不再天天向上了。不過吸收的能量總要發洩，不向上就向下，這些植物不長高，卻變成長根了，根鬚多了以後，可以爭奪更多營養液裡邊的養分，有了養分之後長很矮的個子就可以開花，可以繁育下一代。

> 改行種菜，與國同夢

這個現象真的是太有意思了，但也為我們製造了不小的焦慮。你想想，就像一個人的頭上寸草不生，下巴下面卻是長滿鬍子，這張臉能好看嗎？原先我們嫌盆不好看，現在倒好，盆好看了，但是綠植變醜了，那不是捨本逐末嗎？

還有一個更要命的問題，如果植物不長高了，那麼意味著葉子少了，光合作用的能力自然也就降低了，因為植物主要是靠葉子進行光合作用的。而我們把植物引入室內最大的目的恰恰在於光合作用，唯有如此，才能吸入二氧化碳，才能釋放氧氣，才能淨化空氣中的汙染物。既不美觀，又不實用，那麼放置這些植物的意義何在？

為了解決這個難題，我們做了很多試驗，測試了很多品種的植物，但一直得不到一個滿意的結果。因為最初我們的著力點都放在戶外綠植品種的選擇上了，總以為不斷地努力，可以找到幾種比較固執的植物，哪怕是環境變化再大，也不會改變它熱愛長高的本性。

當時我們還研發了一款水培的仙人掌，到現在還活著，我們根本不管它，就把它放在一個小小的塑膠盒子裡頭，放了一點基質補充營養並定植，讓它吸收空氣裡的水分來生長，自生自滅。沒想到三、四年過去了，它還倔強地活著。

在一連串的試驗過後，我們不得不失望地面對事實，在這種室內的補光系統環境下，要讓植物聽話好好長高真的是太難了，這需要漫長的馴化過程，短則五年，長則十年。而且這不是某一種植物的個體選擇，而是它們集體的共性，即使你找到了某一種特立獨行的植物，也無法搭建起群落。

就在我不知何去何從的時候，一位新加坡朋友的來訪為我帶來了曙光。朋友參觀後，問我：「你為什麼種這些花花草草？」我就把我們如何打造「室內智慧生態屏風」的故事跟他一講，介紹了這個「室內智慧生態屏風」

第一章　心有遠景，逐綠追夢　我的二次創業故事

的各種優點，言下難掩自得之意。

朋友卻丟擲了一個石破天驚的問題：「你為什麼不種菜？」看我愣在那裡，朋友解釋道，新加坡政府在 2019 年 2 月分已經發表政策，公布了一個「30・30 農業願景」，計劃到 2030 年，新加坡副食營養的 30% 要自給自足。而這個「30」裡邊的「20」是果蔬，也就是瓜果蔬菜，但新加坡沒法種瓜果，所以要實現該願景，主要還得靠種菜。

真的是一句話驚醒夢中人。從 2016 年開始，我已經學了很多植物學的知識，因此一點即通，我馬上就想到：「我的天，為什麼不種葉菜？」當時那個興奮勁真的是無以言表，好像一下子開了竅。

葉菜，就是人類馴化了的只長葉片的可以食用的綠植，只長葉片，所以光合作用的能力就無與倫比，可以食用，那就有經濟價值。而且種菜可以把個人之夢與新加坡的國家之夢完美結合，同頻共振，這不就是一個絕佳的選擇嘛！

不念過往，不畏將來

在測試葉菜種植那繁瑣而又漫長的過程中，我深深領會了農民種地和科學家科學研究的偉大。同時，我也深刻了解到「再學習」對一個人人生和事業的再造之功。前者為「行」，後者為「知」，知行合一，在實踐中不斷提升自我，在學習中不斷更新自我，就可以成就一番了不起的事業！

自那個時候開始，我們就不測試花花草草了，改成測試葉菜。我們從超市、花卉市場買來了種子，透過網路選購一些營養液，看看葉菜在這個系統中能不能長起來，期間充滿波折。我們是在封閉的室內空間種菜的，

恆溫恆溼恆光照無蟲害，要把菜種好尚且如此不易，更何況是在戶外種菜。透過葉菜的種植，我深刻了解到了農民的艱辛與偉大。

俗話說「天有不測風雲」，在戶外那種開放環境下，農民很難控制環境因素的影響，要想莊稼豐收，就必須戰天鬥地，乃至與獸鬥與蟲鬥，可想而知多麼辛苦。魯迅的〈少年閏土〉，小時候的閏土多麼活潑有靈氣，但是大家不知道的是，魯迅還寫到了長大後的閏土，由於常年種地，勞作的艱辛已經把他那靈氣與活力都抽乾了，往日的神采蕩然無存。

所以，我們平時一日三餐要心懷感恩之心，避免浪費行為，這樣才對得起農民的勞動。當然，現代農業的發展一定會讓農民們越來越輕鬆，尤其是室內農業的發展使得面朝黃土背朝天和風吹日晒不再是農民的宿命，這也是我努力追求的方向，未來有一天大家可以喝著咖啡，喝著茶，在室內就能享受田園詩意。

我們是在密閉無窗的室內環境中來測試種植葉菜的，也就是說它的環境因素基本上是穩定的。在這樣一個穩定的環境當中，我們發現改變其中任何一個變數，都需要一個月的生長週期來驗證，來測試，然後才能進行對比、分析、調整。

比如說，如何用 LED 補光燈來補光？連續 24 小時補光，植物光合作用的效果肯定最好，問題是這樣高強度的補光，植物受不了，過猶不及。所有的植物，包括葉菜都來自自然界，而自然界中的陽光怎麼可能 24 小時照射？顯然 24 小時不間斷照射，是違背自然規律的，就像要你開著燈睡覺一樣。既然如此，那麼又從幾點開始照，幾點停？照的過程當中，是連續照比較好，還是間歇式的照比較好？一天總共照幾個小時效果最理想？

再者灌溉的問題，到底是連續 24 小時澆灌，還是灌溉幾個小時，停幾個小時，灌溉程序怎麼設定最合理？還有一個營養液的問題，到底哪種營養液最適合哪種葉菜？選了營養液之後，播種的時候加不加營養液？加多少？種子發芽後，長到多大的時候再加營養液？加多少？一個生長週期加幾次營養液，濃度和新增量怎麼掌控？

每改變一個變數，就需要一個月來驗證。一個月的時間雖然不算太長，但是在等待的時候你就會倍感焦灼，覺得時光漫漫。大家都知道「拔苗助長」這個成語，故事中嘲笑一個農夫不知道自然規律，可是我現在卻能深深體會那個農夫的心情。農民種了莊稼之後，那種渴望早點收成的心情，你沒有親身體驗真的是難以理解的。

我不僅感覺到農民的偉大，也感覺到科學研究工作者的偉大，下到種地，上到科學研究，都要有不厭其煩、以年為時間單位執著向前的精神。而且在研究的過程中，你必須計較每一個細節，秉持沒有最好只有更好的精神，才能不斷進步。

比如，在購買種子的過程中，我們發現了種子的包裝設計帶來了嚴重的浪費。所有品牌的葉菜種子都是用密閉的塑膠袋包裝，使用時需要剪開塑膠袋，種子必須一次性播種完畢，否則就要密閉保存。但大部分客戶不了解在熱帶高溫高溼的室內環境中，種子如果不能密閉存放在陰涼處（最好是冰箱的冷藏櫃），很快就不能發芽了。為此，我們自己設計了種子套裝的包裝袋，使種子易於保存，確保了種子的高發芽率。種子批發商看到我們的創意，直呼：你們怎麼想到的，不可思議！

現在回想起來，如果當時沒有在南大、國大讀書的經歷，以及國大老師和同學們的腦力激盪讓我心態歸零、鬥志重振，我絕無可能下定決心去

做這種事情，做了之後可能也堅持不下來。哪怕是作為一個有著多年創業史，並且在一個行業有過成功經歷的創業者，跨入一個新的行業，對從事實業的艱辛也會心有餘悸。

好在皇天不負苦心人，一路走過來，現在我們已經測試出了 27 個葉菜香料品種的種植方法，並開始申請專利。我們不僅測試出來單一品種葉菜香料在一臺室內智慧生態屏風當中的種植方法，還測試出來多品種葉菜香料在同一臺室內智慧生態屏風中的種植方法，於是植物群落的建植就有了基礎保障。

沒有無緣無故的成功，看似偶然的成功背後往往潛藏著必然的因素。我和兩位創業夥伴能夠結緣室內智慧生態屏風，並在這個領域做出一番成績，看似充滿著偶然性。曾幾何時，當我還在東南亞各地跑市場，在毒辣的大太陽下尋找礦山修復專案的時候，我哪裡會想到自己有一天會在室內吹著冷氣研究種菜呢？

但這一系列偶然的背後，卻有一條必然的線索，冥冥之中把我引向這一條路，那就是我從 2016 年下半年開始，對土壤學、植物學、生態學這些專業知識持之以恆地學習。如果沒有這方面的知識沉澱，即使機會擺在我面前，我也沒有能力去抓住它。或者說，正是有了幾年來的知識累積，才使我更自信從容地投入這一領域的研究之中，並且能在遠景的指引下堅持到最後。

這裡舉一個最典型的例子。2015 年時我本來是想在新加坡做餐飲的，因為民以食為天，人都離不開吃，而新加坡尤其特殊，本地人幾乎家家不開伙，90% 以上的新加坡人都在外面吃飯。食閣、餐廳常常排著長龍，看起來根本不愁沒生意可做，因此我覺得在新加坡做餐飲最可靠，哪怕不賺

第一章　心有遠景，逐綠追夢　我的二次創業故事

錢，至少也不會虧本。

當然，做餐飲也得力爭上游，向高手取經，有道是「取法於上，僅得為中。取法於中，故為其下」。所以，為了研究餐飲怎麼做好，我開始看餐飲經營之類的書籍，通讀了著名餐飲企業的成功學著作。在此期間，有一次我無意間買到了一套四本《吃的營養科學觀》（*Let's Eat Right to Keep Fit*），作者安德爾·戴維斯（Adelle Davis）博士是美國最負盛名的營養學權威，這套書堪稱營養學的經典之著。營養學是研究食物如何建構人體健康的科學，目的是保持健康和防止疾病。

當時我看了這套書之後受益良多，雖然當中不少觀點一時記不住，但我認真做了許多筆記，這些觀點無形當中也讓我潛移默化。等到 2019 年研究葉菜種植的時候，我又把這套書找出來反覆咀嚼，因為葉菜是人的食物當中非常重要的一個品種，尤其是華人，由於農耕文明的影響，對葉菜更是情有獨鍾。再讀這本書的時候，很多原先不理解的觀點似乎也豁然開朗了，俗話說「開卷有益」，真的是一點沒錯。

透過「再學習」來獲得創業的突破，在很多成功的企業家身上都曾出現過，他們的故事也給了我很多啟迪，不斷激勵我前進。

稻盛和夫是我非常敬佩的日本經營大師，他一手締造了世界 500 強企業──京瓷，這家企業以製造精密陶瓷而聞名於世。然而，稻盛和夫剛進入職場時在陶瓷方面完全是個外行。他大學學的專業是石油化學、有機化學，只是求職無門，面臨畢業即失業的窘境，不得已進了京都一家製造屬於無機化學的絕緣瓷瓶的企業。等他到職之後，才知道這家企業因為連年虧損，已經瀕臨破產。

在缺乏關於陶瓷的基礎知識和專業技術的背景下，靠著這家搖搖欲墜

的企業裡那些非常簡陋的研究設備和儀器，初出茅廬的稻盛和夫一邊學習一邊研究，天天泡在實驗室，赤手空拳，竟然做出了媲美世界一流大公司 GE 的科學研究成果，開發出了一種全新的材料，使得公司起死回生。很顯然，稻盛和夫之所以能夠獲得成功，並不是依賴於他在學校學得的知識，而是依賴於他的「再學習」能力。

畫家豐子愷有句話叫「不念過往，不畏將來」，這句話用在對待學問上也是適用的。

所謂「不念過往」，就是不要躺在過去的學歷文憑上面吃老本。在我們這個日新月異的知識經濟時代，即使你就業時專業對口，如果不永續學習，不斷更新自己，你的知識就會不斷折舊，要不了多久就跟不上時代的步伐。我是學財務出身的，當年財務是一個非常吃香的科系，畢業生暢銷了很多年，可是現在財務科系的學生也有危機感了，因為簡單的財務、會計工作完全可以被電腦和人工智慧所取代。

所謂「不畏將來」，就是如果你能秉持再學習的心態，那麼就可以一直走在時代尖端，不用擔心自己會被時代淘汰。我開啟第二次創業後，不因自己年紀老大而徒傷悲，而是珍惜每一分光陰，利用奔波之餘的零碎時間，無師自通學習生態方面的知識。現在不敢說成為這方面的專家，但說是行家已當仁不讓了。更何況是那些風華正茂的年輕人，只要潛心向學，沒有什麼能阻止你學有所成。

所以說，不要抱怨自己懂得不夠多，要檢討自己有沒有一顆始終熱愛學習的心。相比前人，生活在今天的人們獲取知識的難度已不可同日而語。不管是在東方還是西方，曾經很長時期，知識都是被特權階層所壟斷的。漢代的世家透過代代傳經，成為高人一等的門閥；而在西方中世

紀,《聖經》也成為教會的獨家祕笈,因神祕而權威,普通人想染指,必遭重罰。

反觀今天,我們獲取知識的管道之廣,代價之低,都是前人難以想像的,這一方面讓我們有了更多的知識改變命運的機會,另一方面也意味著一本書吃一輩子的情況已經不太可能發生了,只有不斷學習進步,才能永遠立於時代的潮頭。

六個「零」的室內智慧生態系統

我們以葉菜香料為種植主體,以室內智慧生態系統為種植載體,不僅為室內空氣汙染治理提供了一個完美的解決方案,而且在室內農場陷入高投入、高能耗、高損耗的「三高」困境下,我們提供了一個顛覆性的低投入、低能耗、零損耗的完美解決方案。具體而言,就是六個「零」的室內智慧生態系統。

作為一個土地、物產資源非常有限的小國,新加坡 90% 的食物依賴進口,這也導致了新加坡的食品價格很容易受到外部衝擊和供應鏈中斷等因素的影響。糧食安全是國家安全至關重要的一環,雖然新加坡目前還沒有發生過糧食危機,但是未雨綢繆的重要性政府顯然已經意識到,所以在 2019 年初宣布了「30・30 農業願景」。

為了鼓勵增加蔬菜產量,新加坡政府也是不惜下了血本,比如從 2020 年起開始出租屋頂給一些農業公司當農場種菜。除了停車場屋頂,許多高樓大廈的屋頂也被改造成農場,只要是能種菜的地方都被政府利用了起來。此外,投資屋頂、室內農場都可以獲得政府補貼。

六個「零」的室內智慧生態系統

　　從種綠植轉為種葉菜之後，SINGRASS 即定位於打造綠色可永續的室內環境，提供室內環境和城市化 ESG 解決方案。因此，我們把室內智慧生態屏風的定位調整為室內智慧生態系統。這時，一些政府部門、大學和企業經常過來我們這裡參觀了解。看到我們的研究成果，政府人員非常高興，建議我們趕緊租個地方開個農場擴大種菜的規模。同事們一聽也怦然心動，因為我們一臺機器就這麼點產量，小打小鬧，根本吸引不了政府的興趣。想領到政府的補貼，最好的方式就是建一個大農場。

　　為了此事，我和同事特地開會辯論。最後我對同事和政府兩方面都明確表態：我們不是一個農業公司，我們是一個科技型的生態企業，但我們有生態農業的解決方案。我們從一開始著手研究的就是利用植物群落來解決室內環境存在的問題，來處理室內環境中高濃度二氧化碳和裝修材料釋放的甲醛、TVOC（揮發性有機化合物）等有毒有機化合物造成的空氣汙染。在這個過程當中，我們以室內智慧生態系統為種植載體，以葉菜香料為種植主體，解決了四個世界性的難題：

　　第一個是植物在室內環境當中的「生存、生長、生物量」問題。第二個是在密閉無窗或只開空調不開窗的室內環境中高濃度二氧化碳汙染的問題。第三個是室內裝修帶來的甲醛、TVOC 等有毒揮發物的汙染問題。第四個是傳統城市農業的室內農場面臨的高投入、高能耗、高損耗問題。

　　這四個難題要解決其中一個尚且不容易，何況是四個一起完美解決。特別是傳統室內農場目前陷入了高投入、高能耗、高損耗的「三高」困境，而我們提供了一個顛覆性的低投入、低能耗、零損耗的完美解決方案。具體而言，就是六個「零」的生態系統。

　　第一個零，場地投資為零。我們不需要支付場地租金，更不需要為了

種菜專門造一個建築物來布設垂直水培的裝置，我們利用的不過是現有建築物室內環境中的邊邊角角，不僅不會占據室內正常的使用空間，甚至可以憑藉獨特的生態景觀發揮拓展空間的效用。

新加坡作為一個國際大都市，寸土寸金，高昂的租金成本成為農場種植成本中的一個大項。不管是屋頂農場，還是室內農場，如果沒有政府的補貼，按照成本定價，恐怕種的菜只能自己吃掉。而即使有政府的補貼，農場主人也只是賺個辛苦錢而已。所以，本地辦農場最大的受益者既不是政府或人民，也不是農場主人，而是建築物擁有者。如果能夠大量推廣我們的室內智慧生態系統，相當於替政府和人民減輕了負擔。

第二個零，冷氣投資為零。大家都知道人會中暑，殊不知蔬菜也會中暑。所以在新加坡這樣的熱帶城市，室內農場都需要建一個冷氣系統，因為蔬菜跟人一樣，也得吹冷氣。冷氣的電耗非常之高，一來需要連續地吹，二來需要維持在攝氏 18 度左右。其實不同品種的葉菜最佳生長溫度在攝氏 15 度到攝氏 25 度之間，恆定在攝氏 18 度未必是好事。那為什麼還要這樣做？因為熱帶病蟲害活躍，只有這麼低的溫度才能阻擋病蟲的快速繁殖和病蟲害的快速傳播。

而我們的室內智慧生態系統放置於已有中央空調系統的建築內部，中央空調系統可以帶來五層的生態屏障，即大門、大廳、樓下的電梯間、電梯和樓上的電梯間。這五層生態屏障有效地阻擋了地面的病蟲害隨著風，隨著人體的皮膚毛髮以及衣服、外套侵入到室內。最重要的是，中央空調系統本已有之，不必特意為種植葉菜而建，所以，空調系統的投資為零，冷氣的電費亦為零。

不少外國人初次來到新加坡，都要被新加坡冷氣的強勁所驚嚇到，就

像被新加坡人大都不在家做飯驚嚇到一樣。從室外到室內,那種冰火兩重天的感覺讓他們印象深刻。既然我們有這樣世界一流的空調系統,不種點菜,物盡其用,豈不是極大的資源浪費?

第三個零,碳肥投入為零。在室內農場中,葉菜需要高濃度的二氧化碳來完成光合作用,二氧化碳濃度一般要求在 800ppm 到 1,500ppm 之間。但室內農場裡邊,二氧化碳濃度根本無法達到這個標準,只好花錢買二氧化碳替蔬菜補充碳肥,透過購買液態 CO_2,或者用稀硫酸和碳酸氫銨發生化學反應釋放二氧化碳,來替蔬菜補碳肥。

而在密閉的購物中心、飯店或者辦公室中,由於人群密度高,人們釋放出的 CO_2 越集聚越多,最終造成高濃度 CO_2 汙染。如果在這些室內空間中種植葉菜,恰恰它的光合作用需要高濃度的 CO_2,化害為利,對人對菜可謂雙贏。

需要指出的是,一般的綠植並不具備葉菜的這種能力。在熱帶雨林氣候條件下,戶外是綠植的天堂,室內卻成了它們的地獄。其中的原因一方面是因為室內無法接收到陽光,另一方面是因為這些綠植對二氧化碳的耐受度遠遠比不上葉菜。戶外的二氧化碳濃度約 300ppm,室內往往在 1,200ppm 以上,早已超過綠植的耐受度。

因此從情感上來說,同處一室,顯然葉菜跟人更和諧。設想一下,你在密閉的室內種一棵葉菜,它看到你會感到很親切,崇拜你的一呼一吸,而養一盆綠植,它看到你呼吸可能會恨得咬牙切齒。

第四個零,流通環節為零。我們研發出來一種獨特的育苗機,一臺育苗機可以供 30 臺室內智慧生態系統移苗。在這個基礎上,我們推出一種樓宇生態農場的模式,可以在樓宇中實現播種、育苗、移苗、養護、採

收、銷售、食用一條龍流程，銷售就是賣給樓宇內工作、活動的人們，讓他們帶回家，食用是因為樓宇裡都有餐廳，可以就地取材，按需購買。

這樣的話，就節省了傳統城市農業或者室內農場葉菜採收後冷藏、冷鏈運輸過程當中帶來的大量車輛、電氣設備及其油耗和電耗，節約了大量的人工、能耗和成本費用，而這些流通成本費用甚至要高過葉菜的種植成本。

此外，葉菜的包裝一般都是小包裝。在新加坡及中東的城市中，葉菜是蔬菜當中的奢侈品，都是小包裝，論克賣的，最小的包裝有 10 克的，最大的包裝也就 300 多克。按照平均 200 克來測算的話，2020 年，新加坡年葉菜消費量約 91,400 噸，需要 4 億多個拋棄式塑膠包裝袋。

如果把新加坡一年所有裝葉菜的塑膠袋全部替換為我們獨特的專利材料製成的保鮮袋，每年可以省下這 4 億多個塑膠袋。而且因為葉菜的重量比較輕，這個專利保鮮袋的使用壽命理論上可以達到 5 年，這樣的話，5 年就能減少 20 億個拋棄式塑膠袋的使用。

第五個零，營養損耗為零。葉菜從採摘之後到人們食用這個過程當中，會有約 50% 的損耗，這是十分可惜的。但是，這屬於物流過程中的自然損耗，無法避免，這個過程不僅損耗了水分，也會損耗掉營養。美國科學家曾經做過研究測試，拿菠菜而言，採收之後 12 小時超過 90% 的維生素 C 已經流失掉了。而我們可以在一座樓宇中完成菜不出樓，即採即食，幾乎零流通的同時自然也就幾乎實現了零損耗。

第六個零，農藥殺蟲劑為零。我們生產的葉菜是貨真價實的無公害蔬菜。什麼是無公害？就是沒有農藥，沒有殺蟲劑。我們看齊的是有機菜，有機菜是土培菜中的「貴」族，因為標準高，成本高，所以價格也「貴」。

然而，有機蔬菜的標準雖高，可惜生產有機蔬菜的地面農場存在天然

六個「零」的室內智慧生態系統

的缺陷，無法盡善盡美。地面農場雖然會有一些外部的防蟲設施，但是想達到完全阻隔是不符合現實的。熱帶的蟲子具有生命力強，繁殖力強，適應力強的特點，戰鬥力強悍，無孔不入，即使是吹著攝氏 18 度冷氣的室內農場也無法完全阻隔這些蟲子，更何況是在地面阻隔。所以即使是有機蔬菜，往往還是需要使用低劑量的農藥或殺蟲劑。

而我們的室內智慧生態系統擁有五道「生態屏障」，再冥頑的蟲子也休想闖關。和有機菜對比，做到了更徹底地擺脫農藥殺蟲劑，而且把成本也降下來了，讓健康的蔬菜走入更多的尋常百姓家。

我把室內智慧生態系統這六個「零」的優點向同事們說明了一遍，問大家：我們現在擁有一個顛覆性的、革命性的產品和解決方案，為什麼要為了補貼倒退回傳統的城市農業、室內農場的營運方式呢？如果那樣的話，就算我們拿到補貼，也會把自己多年來苦心研發的創造性的成果葬送了。放棄自己獨一無二的優勢，去跟大型的傳統室內農場比產量，就像一個摔跤手改行玩相撲一樣，或許你身手敏捷，有著獨家本領，但你還是推不動別人，因為你的體型已經決定了你的上限。我們要做的是開創性的事業，而不是跟在別人後面亦步亦趨。

大家聽了我的分析之後都心悅誠服，我們決定繼續在這個領域做燃燈人。或許現在光芒還不夠亮，別人還發現不了我們，但是假以時日，隨著我們點亮越來越多的燈，光自然也會越來越亮，越來越多的人會關注和支持我們，到時我們不僅可以照亮自己，也會照亮他人。

我們的每一臺室內智慧生態系統就是一盞燈，散是滿天星，聚成一團火，如果我們不懈努力，就能一直播撒火種，看到熊熊火焰燃燒的那一天。

第一章　心有遠景，逐綠追夢　我的二次創業故事

第二章
長路漫漫，上下求索
打造企業經營理念

▍推薦語

　　我在新加坡現代企業管理協會20年，接觸到國內外許多企業翹楚。但真正有互動、交流與合作的機會不多。很榮幸不久前，在本協會屬下的總裁書香軒導讀現場拜讀了李瑞武會長的本書書稿，他以通俗易懂的語言娓娓道來，介紹時下流行的室內空氣汙染、綠色可永續發展、ESG，以及如何評估業態的本質，如何鎖定目標客戶，如何發展品牌宣傳和客戶開發。絲絲入扣，句句在理。

　　書中可以看出李瑞武先生秉著堅定的信念，立足獅城，放眼世界，帶著品牌的使命，為綠色創造財富。而身為企業家和高階主管的我們，也應該關注和探索，如何進一步提高我們的環保意識？

　　好書人人讀，人人讀好書。誠意推薦大家閱讀此書，其意義也正和本協會書香軒理念一樣：讓經營者與時並進，養成終身學習的習慣，透過閱讀，知識分享，碰撞火花，吸收更多更新的管理資訊，並在相互交流的過程中建立深厚友誼，促進企業聯盟。堅信大家一定能從書中得到啟發，受益匪淺。

―― 杜希仙

新加坡現代企業管理協會會長

Nature 360 Pte Ltd 創始人

第二章　長路漫漫，上下求索　打造企業經營理念

多年來，我接觸了很多位新移民企業家，瑞武就是其中的一位，隨著時間的推移，我們接觸的機會就多了，印象也是越來越深刻了。他在酒桌上不善言辭，但講起自己的O2WORK生態共享辦公空間和SINGRASS室內智慧生態系統，總是滔滔不絕。每次和他歡聚，都可以學到不少關於植物、葉菜、室內環境、空氣汙染、ESG等知識，而這些較冷門的知識又關係到每個人，但不少人卻有很多認知失誤，透過與瑞武的聊天，讓我和大家增長見識。我每天都閱讀《聯合早報》，從今年1月5日、6日、13日關於室內空氣汙染的相關報導中，我驚喜地發現，瑞武早在六年前已經在做室內環境的研究了，他的企業已經擁有了先進的純綠色的生態解決方案。

── 李良義

商會會長

新加坡華鼎有限公司董事長

不設logo，客戶至上

美國共享經濟之父傑瑞米‧里夫金（Jeremy Rifkin）說：「共享經濟的本質就是弱化所有者的存在，強化使用者的存在。」正是出於這樣的理念，我們的O2WORK從建立之時就有了這樣的初衷，讓客人覺得「我的空間我做主」，從而賓至如歸，反客為主。為此，我們一反常態，不設logo，退居幕後，把舞臺留給會員們。我們相信，品牌不是貼在牆上、臉上的標識，而是客戶記在心中的好感，掛在嘴邊的好評。

2019年9月2日，我們的第一個O2WORK生態共享辦公空間開業了。此後很長一段時間，我都被一個問題糾纏著，很多人見了我以後都問我說：「你們怎麼連個logo也沒有？你看人家WeWork，大廈的樓體上

> 不設 logo，客戶至上

有 logo，進去的指示牌上有 logo，到了每一層，大門上有 logo，牆上有 logo，櫃檯有 logo，水杯上有 logo，杯墊上有 logo，到處是 logo。作為一個網紅打卡的地方，人家隨手一拍都可見 logo，這不就自然而然地幫它宣傳了嗎？」

被客人問多了，有個同事也急了，跑來勸我：「李總，我們還是把 logo 補上吧，客人們一到我們空間，都在問我們的 logo，找我們的 logo，讓人感覺我們連個 logo 也做不起，是不是有點太 low 了？」

我問他：「客人是認真的嗎？」他說是的。我說：「認真就對了，認真就好了！」同事被我說得摸不著頭緒，一頭霧水。我跟他分析，O2WORK 剛剛成立，絕不是著名品牌，叫什麼名字客人根本不會在意，也記不住。正是因為我們沒有 logo，所以客人才來問我們的 logo，找我們的 logo，最後反而記住了我們的 logo。

品牌不是貼在牆上、臉上的標識，而是客戶記在心中的好感，掛在嘴邊的好評。要是 logo 擺得到處都是，客人看得多了，反而會覺得厭煩，就像你一個菜不停地吃也會膩一樣。

我以前在共享辦公空間考察就曾親耳聽到客人批評營運商到處放 logo，害得客戶覺得他的公司是小公司，很 low，嚴重影響會員企業的品牌形象。如果是這樣的話，那 logo 就成為一種負面形象了，不僅沒有達到認同感還造成離心力。

還有最重要的一點。我之所以不願意把 logo 放到客人顯而易見的地方，就是想讓客人明白，他們自己才是空間的主人，而非我們。就是說，這個空間是所有會員在共享，而不是 O2WORK 與會員共享。

很多客戶來共享空間辦公，都把自己當成過客，比如創業初期無法準

確預測員工人數的變化，無法準確預測公司發展的形勢，導致對辦公室的準確定位一時也難以判斷，於是先到共享辦公室應急一段時間，猶如旅店，來去匆匆。而到了他們事業穩定之後，就會想著搬出去，自己弄個辦公室，就像成家前可以跟人合租，成家後哪怕買不起房子，也要努力自己租個房子一樣。

但是辦公畢竟不是兩口子過日子，並不需要那麼高的私密性。在這個日益多元開放的時代，虛擬世界中的互聯和真實世界中的共享都是不可阻擋的潮流和趨勢。如果客人還有這種貌似陳舊的觀念，我們就要檢討自己還有哪些方面做得不足或者做得太足，因為過猶不及。

大量的 logo 在強化營運商存在感的同時也會弱化客戶的歸屬感，讓他們覺得這裡不過是一個暫時的落腳點。同時，這也不符合 B2B 的商業倫理，客戶付了錢，為什麼到處是供應商的 logo。許多同業以 B2C 的理念和模式做著 B2B 的服務項目，注定會適得其反。

我讀了美國共享經濟之父傑瑞米・里夫金的一句話之後，有一種振聾發聵的感覺，他說：共享經濟的本質就是弱化所有者的存在，強化使用者的存在。

所以我們的 O2WORK 從建立之時就有了這樣的初衷，讓客人覺得「我的空間我做主」，從而賓至如歸，反客為主。我們期望客人不是來這裡短期落腳的，而是把這裡當成一個家，一個可以長期棲居的地方。不設 logo 可以看作一個象徵，象徵著我們的人員退居幕後，把舞臺留給會員們。

真正的 logo 不是讓人看在眼裡，而是讓人記在心裡。如果你無意間在一家麵店吃到一碗很好吃的麵，出來前一定會看看這家店的招牌，以便

> 不設 logo，客戶至上

再來吃或者推薦自己的朋友過來吃。但是如果這碗麵很難吃，哪怕店老闆發給你一張名片，出來後你也會順手扔進垃圾桶。怕客戶不知道，這是心虛，以客戶為尊，這是虛心，我們虛心而不心虛。O2WORK 有這樣的自信，透過我們打造的生態空間和精心服務，一定可以贏得會員的口碑，讓會員把我們記在心裡，掛在嘴上，成為 O2WORK 的品牌宣傳員。

其實 O2WORK 不是沒有 logo，而是把 logo 放在一個十分隱蔽的地方。那些在空間裡尋找 logo 的客人一旦和它邂逅，一定會有一種驚喜和成就感，也會因此對我們的 logo 過目不忘。有無相剋亦相生，因為不在，所以無所不在。

我時不時提醒各位同事，工作時要學會從客戶，從消費者的角度來思考問題，因為只有這樣你才能想人所想，急人所急，才能真正把客戶、消費者服務好。雖然發錢給你的是公司，但是如果沒有客戶和消費者，就沒有公司的存在，換句話說，客戶和消費者就是我們的衣食父母。

在 O2WORK 生態共享辦公空間的巡查工作中，有的同事也曾抱怨道，人家別的品牌就不巡查，為什麼我們要天天巡查？我說，你去一個餐廳吃飯，是不是進門就要感覺一下它的用餐環境，如果桌面上到處是別人吃過飯留下的飯粒、湯汁等殘羹冷炙，甚至凳子上都有一些菜湯，你會坐下來嗎？在這裡用餐你會開心嗎？還是說你會轉頭就走？那麼我們這樣一個生態共享辦公空間，費了這麼多人力物力把它打造出來，而且宣稱「綠色、自然、低碳、宜居」，如果地板上、地毯上、桌面上有紙屑，有別人吃剩下的食物，比如麵包的殘渣，甚至還有茶水和咖啡的汙漬，客戶看了會開心嗎？換成你是客戶，願意在這裡待下去嗎？

我再問他們，為什麼我們不能以消費者的姿態來面對工作？你們去消

第二章　長路漫漫，上下求索　打造企業經營理念

費的錢從哪裡來？當然是從工作中賺來。那為什麼工作能應付就應付，花錢消費的時候卻追求 CP 值，能挑剔就挑剔？我們以雙標來面對工作和消費，你認為合理嗎？

大概每個人都害怕靈魂拷問，當我以這種靈魂拷問的方式跟同事交流後，大家都對空間巡查的意義有了深刻的認知，不再牴觸了。所以現在 O2WORK 生態共享辦公空間的巡查已經形成慣例，跟醫生查房一樣，早上 8 點半上班後，做的第一件事就是巡查空間。而且，我和兩位聯合創始人也都參與進了巡查。

空間巡查不是讓大家做清潔人員的工作，而是請大家檢查我們花錢請的清潔人員是不是認真做了。如果清潔人員沒認真做，或者沒做好，有些事情是馬上就能解決的，比如說地上有一個紙屑，把它撿了扔進垃圾桶就好了；比如說桌面有幾滴汙漬，用小毛巾隨手擦一下就好了。這些都是舉手之勞，我們順手就處理了，盡量不要讓會員看到，以免影響他們工作的心情。

如果是清潔人員失職，甚至做了一些破壞性的舉動，那我們就要跟清潔公司交涉，要求他們立即進行處理，以免此類事件再度發生。比如有一次我們的一個會員把喝剩的半杯咖啡放在垃圾袋裡，不巧這個垃圾袋還是漏的，清潔人員清理時也沒有認真檢查，直接把那個垃圾袋拿起來扔進大垃圾袋裡，拖著在地上走。結果大垃圾袋也跟著漏，邊走邊灑，最後一、二十公尺的地毯整個被咖啡給弄髒了，不堪入目。

我和巡查的同事說，如果你早晨一來就發現這個問題，馬上檢視監視器，很容易就可以判定是清潔人員做的，我們是要向清潔公司索賠的。如果你不巡查，也不看這個影片，那麼就不知道這是誰做的，說不定還以為

是會員弄的。這些都是簡單得不能再簡單的事情，只要你能站在消費者的角度來思考問題，將心比心，就一定能夠做好。

精準定位，掌好企業前行的舵

O2WORK 的定位

在這個生產能力過剩、競爭激烈、資訊蕪雜的時代，企業只有透過正確的定位，才能在目標消費者心中建立一個有價值的地位，從而在競爭中獲得立足之地和發展之機。反之，錯誤的定位會讓企業偏離正確的方向，甚至出現發展越快死得越快的可能。因此，定位是攸關企業生死存亡的大事，怎能不謹慎對待！

要創業，先定位，定位對企業的重要性不言而喻。實際上，人生中很多重要的選擇都是在尋找定位，比如古人講究婚姻「門當戶對」，這就是以門第來定位婚姻。而到了現代，崇尚自由戀愛，影響定位的因素一下子就多了起來，長相、身高、體重、收入、房產、職業、學歷、性格、興趣、家庭背景、家長意見等等都會對婚姻定位產生或輕或重的影響。

我們看一則徵婚廣告，越看越像買賣關係，自己具備哪些條件，這是產品定位，希望對方具備哪些條件，這是客戶定位。然而，這種定位往往千篇一律，缺少對自己獨特價值和屬性的挖掘和開發。比如說，也許你家境平凡且長相普通，但你會做一手好菜，這樣就有可能打動那些條件很好的意中人。畢竟，還有什麼比吃更重要的事情呢？

說到這裡，我得替我們的 SINGRASS 室內智慧生態系統打個廣告。

第二章　長路漫漫，上下求索　打造企業經營理念

　　如果你家裡有這麼一臺「神器」，就可以邀請意中人來家裡採菜吃菜，這麼清新健康的活動一般人很難拒絕。你再學會做兩個拿手好菜，情牽一線的機率就很大了。

　　在物質緊缺的年代，人們購物時看重的主要是產品的物質屬性。比如你餓肚子的時候，買一個饅頭，同等價錢當然是越大越好，這樣才能填飽肚子。只有在溫飽無憂的情況下，你才會進一步關注饅頭的色香味。講究吃的滋味，這已經是精神屬性了。從追求物質屬性到追求精神屬性，反映的是社會的進步。

　　同樣，辦公也是如此。以前的人找一個可以坐下來辦公的工作空間很難，有一張桌子、一把椅子就感恩戴德了，桌椅要符合人體工學那是很奢侈的概念了，那時的人們只在意薪水和工作環境突出，沒有人會在意腰間椎盤突出。但現在的年輕人不一樣了，他們對個性的追求和健康的重視已經反推辦公室進行改革，所以共享辦公空間也就應運而生了。

　　O2WORK 最初的定位是「人工作的室內空間」，我們強調的重心是「人」。傳統的辦公室服務對象以 B 端為核心，實際上就是以老闆為核心，辦公室的選擇和裝修都由老闆說了算，員工只能服從和適應而沒有選擇權。但是現在不一樣了，正如我前面說的，這一代年輕人很多是喝著咖啡上著網長大的，他們欣賞的是星巴克那種開放休閒的模式，崇尚的是網際網路思維的自由多元，因此在辦公室的選擇上也渴望打破傳統的束縛，去追求更多的精神屬性。

　　當今社會，人力已經不僅僅是一種勞動力，而是成了人力資源、人力資本，老闆們如果想招到和留住優秀的人才，也必須與時俱進，要考慮員工們的偏好。

O2WORK 主要服務於 B 端客戶，雖然也會有一些非政府組織，或者政府的一些機構入駐辦公，但是畢竟比較少，所以主要是 2B。但我們的宗旨是以人為本，這個「本」即 B 端後面的包括老闆在內的每一位員工。我們甚至採取不設 logo 的方式，來突出會員的主體地位。

在 O2WORK 執行的過程中，我們又對「以人為本」這個宗旨進行了深化。都講以人為本，那人的「本」又是什麼呢？是健康！以前大家喜歡講健康是第一，現在意識增強了，變成健康是唯一，因為沒有健康，其他一切都是浮雲。而 O2WORK 相對同業，最大的優勢就是我們的室內空氣改善解決方案，利用建植植物群落的生態理念、生態技術來解決密閉無窗或只開空調不開窗的室內空間中難以避免的高濃度 CO_2 和裝修材料等帶來的甲醛、TVOC 等空氣汙染問題，這是現代企業辦公最大的痛點。於是，我們的定位也就進一步深化為「生態型辦公空間」。

辦公空間首先要以人的身心健康為本，在這樣一個基礎和根本之上，再去考慮辦公設施和辦公功能。其實各家的辦公設施和辦公功能都是雷同的，有些空間把網際網路、智慧化作為賣點，但當下網際網路已經不是奢侈品，而是日用品了，就像水龍頭出水，電源插上通電一樣。大部分網際網路產品的應用都是噱頭，大家不過短時間體驗一下，剛開始或許會有新鮮感，但幾個月之後就變成可有可無了。

SINGRASS 的定位

對於 SINGRASS 的定位，我們在創業之初一度也有過很大的爭論。我們希望透過這個產品和新加坡政府「30・30 農業願景」同頻共振，但政府更看重規模和產量，鼓勵發展大型農場，以至於我們遲遲得不到政府的

第二章　長路漫漫，上下求索　打造企業經營理念

認同，拿不到補貼。在這種困難局面下，同事們也發生了動搖，建議我們改行去辦大農場。

最後我力排眾議，明確我們是一個適配室內環境的生態專家，我們之所以選擇葉菜種植，是因為它在室內可以比綠植具有更高的光合作用效能，可以有效實現固碳釋氧和降解轉化甲醛，從而有效解決城市化帶來的密閉室內空間的空氣汙染問題。這是我們的初心，一定要堅守，否則就失去了根本。

在這個根本問題之外，我們還解決了傳統的室內農場「高投入、高能耗、高損耗」這樣一個痛點和困境，也為室內農業提供了一個新的創新性的解決方案。雖然政府暫時沒有意識到我們的價值，但我們切不可因此自廢武功，亦步亦趨去做大農場，最終變成邯鄲學步，不僅走不了別人的步，甚至連自己原來的步都忘記了。

大多數新生事物都是在質疑聲中成長的，但我們要有遠見，要以發展的眼光看待它。鑒於SINGRASS極具CP值的優勢，我堅信它不管是2G還是2B都有廣闊的市場。

從2G來看，新加坡政府從2021年開始推動「2030年新加坡綠色發展藍圖」之後，相繼推出了一系列室內環境治理監管措施。如2021年9月，新加坡政府釋出密閉室內環境CO_2濃度控制指導性文件，要求室內環境中的CO_2濃度控制在800ppm以下。2021年12月，BCA推出綠標認證新標準，73%的綠建築評級將下降，61%的大型辦公大廈將無法獲得任何評級。2022年4月，可永續空間群策群力行動聯盟釋出降低甲醛承諾宣告。2023年1月，《聯合早報》連續發表了〈改善空氣品質避免損害健康，新行業準則籲政府監管室內甲醛排放〉、〈本地企業安裝室內空氣品質感應

器,確保職員工作環境健康〉、〈室內甲醛排放應予以正視〉和〈室內空氣品質監測的重要性〉等系列評論。

可見新加坡政府對於室內環境治理的決心之強,力度之大!而SINGRASS室內智慧生態系統可以為此提供一個成熟的產品和解決方案。如果新加坡政府機構的辦公室內率先使用SINGRASS室內智慧生態系統,將對推動「2030年新加坡綠色發展藍圖」的實現發揮帶頭垂範作用。

從2B來說,在各國政府提出的淨零碳排目標下,不論是大、小企業都須根據ESG指標調整經營方針。企業不再只以財務報表評斷優劣,而必須兼顧環境與社會發展。投資人也可以根據該企業的ESG評量分數,評估前景發展。SINGRASS室內智慧生態系統可以幫助企業打造生態景觀,改善辦公環境,減碳增氧,淨化空氣,並與員工分享「最新鮮、無公害、免溯源」葉菜,同時有效提高企業ESG指標,這對上市公司和大企業尤其有意義。而在政府和大企業的帶動下,中小企業也會跟進。最後我們再因地制宜,針對當地個人消費者的家庭住宅,研發和推廣到C端。

在SINGRASS室內智慧生態系統的研發中,我們針對同類產品進行了全面而深入的調查。透過新加坡的SHOPEE等各種購物網站搜尋國際上有哪些相似的產品,把它們的整機、配件、耗材、服務、售後等各方面和我們的產品進行詳細的對比,能聯絡上的我們都盡量聯絡上進行溝通,有條件的還會進行線下的考察。所謂「知己知彼」,由此我們對自己的產品有了一個清晰的市場定位。

同時,我們也分別從G端、B端、C端完成了SINGRASS的人物誌,列出了將近10個指標進行比對和分析。比如G端客戶要靠招標採購,但重視產品專利,為此SINGRASS目前已經在新加坡擁有了四個專利。B端

客戶要靠專業和體驗，於是我們一方面加強對內部人員專業知識的培訓，一方面積極邀請目標客戶來實地考察和體驗。C端客戶喜歡趕時髦，對外觀相當在意，對售後要求相當高，於是我們就針對他們加大外觀的設計，同時增強售後服務和溝通。

理性、精準、清醒定位

所有的企業，都說自己以客戶為中心，為客戶服務。但是，很多企業，尤其是初創企業，實際上對客戶是誰這個問題都沒搞清楚。自己的服務對象到底是2G（政府）、2B（企業）還是2C（個人消費者），或者說在這三者之間存在混合的情況。如果是混合型，那麼三者如何排序，先開發哪一端，再開發哪一端，最後開發哪一端，這是個值得深思的問題。

因為政府機構是有限的，企業也是有限的，只有大眾才是無限的，所以很多企業都把客戶群體指向大眾。但是企業的性質以及產品、服務的類型存在差異化，並不是都適合直接面向大眾。或者企業的產品和服務第一步是不是要面向大眾，這是困擾很多企業的一個難題。

由於定位不準，導致很多企業把時間、精力花在沒必要的地方。比如，大家都知道C端的消費潛力一旦激發出來是不得了的，尤其如果市場有14億人口，幾億個家庭，就覺得哪怕是這十幾億人，幾億個家庭只有一部分買自己的產品，也是天文數字的量，財源廣大，所以大家很捨得花錢打廣告，請明星。

在過去物資短缺的階段，供不應求，這是有效的。那時比的是誰有資源，後來比的是誰的生產能力強。生產能力強，貨又不愁賣，品牌就能夠快速打響。但是現在早已經進入了生產能力過剩的時代，那樣的好日子

一去不復返，企業產品和服務的定位只有更加精準才能夠在市場上贏得先機。

幾年前，有一家知名共享辦公空間品牌弄了一個網紅咖啡廳，看新聞報導似乎特別搶手，說咖啡廳裡頭舉辦的活動已經預約到了一年之後。

當時我就覺得這件事有問題，咖啡廳和共享辦公空間開在一起，且分屬兩個品牌，但是自己宣傳的好像又是同一家，會帶來消費傾向的誤導，或者說客戶定位的失誤。因為咖啡廳的客戶肯定是以 C 端為主，但是共享辦公空間的客戶卻是以 B 端為主，因為進駐的都是企業，即使是一個自由工作者，他也是以一個老闆的姿態出現的。

個人消費往往是衝動消費，比如一個女生看到一件裙子很好看，買來穿幾天讓人欣賞一下，過了一陣子感覺過時了，又移情別戀了，那股熱情就像新加坡的雨，來得意外，去得突然。喝咖啡也是一樣，咖啡廳獨特的環境也許能夠讓人衝動進去喝一杯，但是這種衝動跟初戀一樣只能來一次，再而衰三而竭。如果回到咖啡本身，你肯定又拚不過星巴克這樣的業內專家。如果想指望共享辦公空間的會員來消費，長期來看更是奢望，免費的咖啡是一般共享辦公空間的標準配置，人家為什麼要多花錢呢？你總不能為了賣咖啡把空間裡的免費咖啡斷了吧。

O2WORK 執行後，也有很多朋友問我，你這個共享辦公空間的客戶到底是哪個行業的，哪個細分領域的，你要打造一個什麼樣的生態圈？原來他們是把那種創業中心、孵化器、加速器等類似的一些業態，也就是共享辦公場景下的投資領域的業態理解成共享辦公業態了。

其實這是一個概念混淆了的結果，共享辦公是一個獨立的業態，創業中心、孵化器、加速器，這些所謂的科創領域的新鮮業態，他們的辦公場

第二章　長路漫漫，上下求索　打造企業經營理念

景是共享辦公的場景，但他們不是共享辦公的業態，只不過一些人把它們混為一談了。

一個共享辦公空間的專業營運商，怎麼可能去統領各個行業，把各個行業的上下游組成一個生態圈？我覺得這是投資圈裡頭，大家坐在辦公室主觀想像想出來的，在真實的市場場景當中，是無法實現的！即使是 We-Work，能把共享辦公空間搞清楚就不錯了。想把各個行業都搞清楚的，往往連主業都要被拖下水，這種反面教材在其他領域已經屢見不鮮了。

我們的 O2WORK 選擇在 CBD 區域，而且幾乎所有的新加坡共享辦公空間都選擇在 CBD 區域，再看其他國際大都市，東京、倫敦、紐約等都是如此。哪些企業選擇在 CBD 辦公，我們就服務於哪些企業。O2WORK 要打造的是基礎環境的生態，就是綠色、自然、低碳、宜居的一個辦公生態，是自然環境的生態，而不是產業鏈的生態，這是我們會長期堅持的自我定位。

讓每個員工成為品牌宣傳員

正確看待網路行銷

網路行銷已經成為當下企業行銷的主流。然而，行銷的基礎是信任，如今人與人之間的信任已被網路過度的商業化透支，導致網路行銷亂象迭起，效益低下。針對這樣的現狀以及我們自己的特點，我提出了「體驗行銷、專業行銷、口碑行銷」三位一體的行銷策略。同時，針對各家企業在行銷時只重「外驅」而忽視「內驅」的情形，我提出要讓每一位員工成為公司的品牌宣傳員，從而真正實現品牌提升和客戶開發。

> 讓每個員工成為品牌宣傳員

現在是網路時代，人們做廣告的方式也跟以前大相逕庭了。以前做廣告首選電視和報紙，但隨著網路的興起，報紙越來越沒人看了，報社跟著大量倒閉，曾經風光無限的電視臺也不復往日榮光了。

記得我剛剛做鋼材貿易的時候，借鑑了消費品行業的一些宣傳方式，買了一些小禮品，諸如打火機、原子筆、桌曆、水杯、筆筒等，在上面印上「專銷鋼板」的字樣，送給客戶。那年代物資緊缺，這些玩意挺受歡迎，獲得了不錯的效果。但是現在你再來這一套就行不通了，這些東西在網路上買可能就幾十塊錢，還含運費，大家已經不稀罕了。

所以，做廣告也要與時俱進。當 O2WORK 第一個生態共享辦公空間建成以後，面臨宣傳和吸引租戶會員的問題，一些做網路品牌宣傳的服務商就找上門來。我是做傳統貿易出身的，比較保守，一直把網際網路當成一個搜尋工具，從來沒有使用過其他的用途，從這時起我才開始深入了解網際網路。

服務商提出兩種行銷方案。第一種是做廣告，我們查了一下，WeWork 這些共享辦公知名企業的一支廣告價格已經到了十幾二十幾塊新幣，費用非常高。這讓我有點震驚：為什麼這些知名品牌願意花這麼多的錢做廣告？服務商說，因為競爭激烈，誰花的錢多，誰的曝光率就高，一搜共享辦公出來的就是他，大家就覺得要選他了。

另外一種叫 SEO，全稱是搜尋引擎最佳化（Search Engine Optimization，簡稱 SEO），是指搜尋引擎最佳化系統藉助技術和演算法改進，實現網站最佳化工作目標的一種推廣方式。這種方式要靠自己不斷地在網際網路上發送資訊，增加曝光率，慢慢地擴大影響。如果說你在 Google 的平臺上發送很多的資訊，或者是你主動介紹自己，或者是別人介紹你，漸漸

第二章　長路漫漫，上下求索　打造企業經營理念

搜尋量也能提高。

過去我們一直認為有了網際網路，大家可以足不出戶做生意，可以讓千里萬里之外的客戶找到你，而且可以在同一個時間點對接不同空間的客戶，來擴大自己的成交量。但是透過跟他們不斷溝通，我突然發現這些知名企業之所以願意花那麼多的錢做廣告的真相。原來，對他們來說，提升品牌形象竟然是次要目的，因為他們既然是知名企業，說明已經很出名了，並不需要過多宣傳。但為什麼又要繼續投那麼多廣告費呢？是為了打壓同業！

趕集要趁早，因為越早越容易吃到紅利，那個時候的賣家少，只要你稍微吆喝幾聲，別人就能注意到你，就會跟你買東西。如果你去晚了，眾多賣家一起吆喝，你就是喊破喉嚨也沒有起初的效果好。早期網路行銷也是這樣，嘗鮮的企業吃到很多甜頭。但是網際網路傳播快，跟風也快，沒過幾年就從紅利期過渡到內部競爭期。蛋糕就這麼大，讓你切走一塊，知名企業就得少吃一塊，但是他又沒辦法禁止你吆喝，最好的辦法就是吆喝聲比你還大，讓買家聽不到你的聲音。這些先入局的知名企業本來就是趕早集的，占據了流量最大的 C 位，又有本錢請更多的人來吆喝，你再跟他們硬碰硬，肯定耗不過他們，必輸無疑。

網路行銷本身也在更新疊代。這些年來，隨著智慧型手機的普及和行動網路的飛速發展，傳統網際網路日漸式微，廣告占比被各種社交工具大量侵蝕。透過社群平臺或社交群組進行分享，不僅傳播範圍廣，目標人群精確而且不用花錢，是一個值得嘗試的辦法。但很快我又發現，人們被幾年的社群媒體廣告狂轟濫炸後，眼睛變得敏銳了，心態變得麻木了，或者說免疫力增強了，對一般的推廣訊息根本懶得搭理。

造成這種現象最主要的原因就是這些年來社群媒體的過度商業化和社

> 讓每個員工成為品牌宣傳員

群媒體廣告的泛濫,早已透支了大家的信任。我常向員工講什麼是行銷,行銷其實就是取信於人。那麼如何才能取信於人?你在社群媒體,或者在一個社交群組裡丟一個廣告,你能取信於人嗎?你連吸引人都做不到,怎麼可能取信於人。

後來,我總結了社群媒體的宣傳方式怎麼樣才能比較有效。要取信於人,首先你得接觸更多的人,得到人家的同意後先加好友。彼此有了一個初步印象之後,逢年過節你要問候人家,人家在社群平臺發了一些東西,你要按讚追蹤。有了感情基礎,才能向人家發廣告,並且發完廣告,你一定要尊稱「某某總敬請指導」,哪怕對方是很熟的朋友,你也別忘了加上一句「敬請轉發」。別人覺得受到了尊重,受到了重視,就會認真看你的內容,你請他轉發,他也就樂意效勞了。這樣才能收到好的宣傳效果,朋友才會願意成為你的品牌宣傳員。

在短影片興起後,網路行銷又迎來了新的局面,網路直播儼然獨領風騷,網紅主播的風頭甚至凌駕於明星之上。但我從一開始就不認同那些網紅主播的成功方式,因為其本質上就是糊弄。當時某位網紅很紅的時候,我就和朋友說,這只是個噱頭,她用古法生產出來的那點東西都不夠她的父母兄弟姐妹和七姑八大姨用,怎麼能夠讓你享用?那就是刻意打造的一個品牌形象,然後外包到她都沒去過的生產線生產,這些批量生產出來的東西再按古法的價格賣給你。

任何一個社會,如果中間行銷環節賺錢太多,都是不合理和不正常的。真正創造價值的產品研發、產品生產的環節如果不能得到合理的回報,不能支撐永續的研發,繼續改善改進生產,那最後誰來生產?正如穀賤傷農導致誰也不想種糧食的時候,糧食從哪裡來?總不能像玩笑話說的那樣去吃土吧。所以,不要羨慕網紅主播賺大錢,事出反常注定無法長

久。如果年輕人都想著去當主播，沒有人願意做實業，社會變成「務虛主義」，就非常危險了。

好的行銷要內外聯動

在 O2WORK 生態共享辦公空間和 SINGRASS 室內智慧生態系統發展品牌宣傳和客戶開發的過程當中，針對網路資訊被知名企業壟斷控制的現狀，我們也相應做出了對策。我認為客戶其實最終買的是產品或者服務，那麼他看到你的產品，體驗過你的服務之後，如果在網路上也看到這個產品或服務的廣告，才會留意，才會點開關心。

所以，不管是 O2WORK 生態共享辦公空間，還是 SINGRASS 室內智慧生態系統，我們的行銷模式首先是體驗行銷。透過邀請客戶就近到 O2WORK 的空間來，實地參觀空間和 SINGRASS 室內智慧生態系統。緊接著就是專業行銷，透過對員工的專業知識和專業操作技能的培訓，以客戶聽得明白的語言給客戶一個專業的講解。最後，客戶肯定會有一個獨特的滿意的體驗，那麼自然會為我們進行口碑宣傳。透過體驗行銷、專業行銷、口碑行銷，三位一體，真正實現品牌提升和客戶開發。

要使體驗行銷達到理想的效果，最關鍵的是找到目標客戶。那如何找到目標客戶呢？我們的客戶無論 2B 還是 2G 都是在辦公室裡辦公，那麼在客戶相對集中、往來頻繁的區域展示，就是一個非常好的體驗行銷。同時，一些行業會議、論壇、會展等都是目標客戶聚集的時間和地點，我們可以去參展或參會，藉此廣交朋友，精準開發。這些展會往往對參展、參會公司進行相關的介紹或展示，這也是一個能夠快速有效進行品牌宣傳和客戶開發的好方式。

找到目標客戶只是第一步，找到以後爭取給對方一個好的印象是第二步，留下好的印象之後，後續的跟進和互動是第三步。這三部曲都做好了，才能收到一個好的效果。特別是第三步相對前兩步過程更長，需要保持熱情不鬆懈。

我告訴同事一定要及時地向目標客戶分享一些動態，比如我們收菜了，有的菜品相很好，照片很漂亮，就拍一些照片發給人家，這是用心的分享，也可以進一步邀請人家過來採摘和品嘗，這是良好的互動。這樣雙管齊下，可以增進對方對我們的了解、興趣和感情，為從目標客戶變成真正的客戶鋪路搭橋。

另外，針對 SINGRASS 室內智慧生態系統，我們會選擇一些地標的辦公室、MALL、飯店，跟他們合作展示，這對雙方是一件互惠互利的事情：一方面，我們可以讓自己的目標客群，就是 2G、2B 的目標客群看到我們的產品；另一方面這些建築和大企業也需要這樣的活動和舉措幫他們提升 ESG 的形象。在此基礎上，我們在社群媒體上跟進宣傳，線上線下互動，這才是一個有效的宣傳方式。

從 2016 年開始，我們在進行品牌宣傳和市場拓展的過程中，經過反覆地討論和驗證，我了解到當時市場上普遍存在一個過度依賴網際網路，過度依賴社群媒體或者自媒體的傾向。許多公司一方面弄一個品牌部在做廣告宣傳，可是另一方面，自己的員工對公司的品牌卻並不了解，也不認同，更別提成為公司的品牌宣傳員了，可謂捨本逐末。其實一個企業的品牌首先得讓全體員工接受，員工接受了以後，他會向自己的親朋好友宣傳，這才是核心，這才是內驅力。

現在的社會中，越來越多的員工認為自己的通訊軟體或社群媒體等自

第二章　長路漫漫，上下求索　打造企業經營理念

　　媒體不能與公司的事務連結，公與私要分得清清楚楚。這一方面是因為企業的培訓缺失，員工不了解、不信任公司及其產品和服務，更沒有以公司及其產品或服務為榮。

　　另一方面，這樣的員工忽略了網際網路的關鍵效能。你一定要第一時間把自己的公司及其產品服務向親戚朋友們介紹，如果大家都覺得好，你就下定決心好好做，因為公司及其產品或服務有前途，你好好做自然也有前途。如果親戚朋友都說這個公司及其產品或服務沒有市場且口碑很差，你就要趕緊溜之大吉了。

　　如果你連就職的公司及其產品和服務都說不清楚，那豈不是在混日子？試圖把工作與生活徹底分開，正如想把左手和右手徹底分開，簡直是痴人說夢！沒有工作，如何生活？工作與生活是無法對立並劃清界限的，因為工作與生活是我們每個社會人的一體兩面。

　　我提出，公司在接待前來面試的新員工的時候，在接待實習生的時候，在接待供應商的時候，在接待客戶的時候，在接待訪客的時候，都是極其重要的品牌宣傳的管道或者機會，一定要讓每位員工，以及和每一位員工打交道的公司外部的人都成為公司的品牌宣傳員。這樣才能使公司的品牌宣傳出去，而不是依靠網際網路，依靠打廣告。那些誘餌式標題只能博得一時的話題焦點，卻不能形成強大的永續的品牌影響力。

　　我們的產品和服務不是快速消費品，賣出去了就完事了，不管是生態共享辦公空間還是室內智慧生態系統，都需要公司和會員、消費者之間長久的相知相伴，需要我們不斷地沉澱，因此在行銷上我們也會追求可永續發展之道。

智慧化當以人為本

何為真正的智慧化？

當今世界，智慧化的浪潮浩浩蕩蕩，勢不可擋。然而，很多企業卻陷入智慧化的陷阱中無法自拔，為了智慧而智慧，結果智慧不僅沒有為企業、消費者帶來益處，反而成了自己的負擔和客戶的煩惱。為此，我們結合自身實際，「重生態，輕智慧」，以生態為本，以人的健康為本，以低碳節能為本。在此基礎上，輔以適度而實用的智慧化，在提升設備操作便利度的基礎上提高客戶的體驗滿意度，從而真正展現科技的價值，真正實現科技為我所用。

近些年，人工智慧的浪潮席捲全球，很多個人和企業言必談智慧化，好像不這樣就落伍了。殊不知，他們對於智慧化存在著不小的失誤。

我們在建設第一個 O2WORK 生態共享辦公空間的時候，也曾對智慧化寄予厚望，到處尋找、考察辦公智慧化的合作方。期間接觸了一個品牌，他們弄了一個 APP，透過這個 APP 不僅可以開啟整個空間的大門和空間裡面各自辦公室的門，甚至可以遙控儲物櫃和會議室。但當我看完他們的模擬操作後，卻怎麼也想不通：這個東西到底方便在哪裡？

在我的理解中，任何一個技術的進步，都應該能夠為企業和個人創造價值，以更小的成本獲取更大的收益，或者節約金錢成本，或者節約時間成本。但是據我觀察，這個東西在為企業增加金錢成本之後卻連減少時間成本都做不到。

雖然我們人手一部手機，但是不可能時刻把手機捏在手裡。你要用手機之前，先得把手機從口袋裡或者包包裡掏出來。然後輸入密碼——那

個時候臉部辨識或指紋驗證的手機還不多，輸了密碼之後才能進入操作介面。

進入操作介面以後，你還得找到相應的 APP。現在各種 APP 層出不窮，「亂花漸欲迷人眼」，而且那麼多的 APP 不可能都放在首頁，有時你還得翻頁去找。等你找到 APP，點開程式才能夠開門開鎖。算下來，不管是步驟之繁還是用時之多，比起傳統的門禁卡都有過之而無不及。

而且新加坡很多人上班用的門禁卡都會單獨放在一個卡包或者卡袋裡面，根本無須向外掏，往門上一貼就開了，只需要一步就可解決問題，與口袋裡掏手機、解鎖螢幕、找 APP、點開程式這四步曲相比，簡單又高效，既然這樣，那智慧化的優勢到底何在？

我把自己的困惑告訴對方的行銷人員，因為他們自己品牌的空間正在使用這種服務，肯定有過體驗和比較。行銷人員無法給我滿意的答覆，便提出讓他們的工程師為我們講解。正好工程師講解的時候，那個行銷人員有事出去了，我們就和這個工程師單獨溝通。我問他：「怎麼沒有感覺到用你們的 APP 開門比用門禁卡更方便？請您介紹一下。」工程師倒是快人快語：「肯定不方便呀！」他的直言不諱讓我大吃一驚，接著問：「既然不方便，那為什麼要弄這個東西呢？」他說，這不是酷嘛，別人沒有嘛。

我說，投資那麼多錢來做這個東西，如果目的僅僅是為了人無我有，為了耍酷，豈不是典型的非理性科技高消費？況且大家用上兩、三次，新鮮感過去以後，就會覺得這個東西不僅不方便，反而增加了麻煩。會員來我們這裡辦公，合約一簽一年，短的一般也有幾個月，用這種智慧方式開門開鎖，哪怕是比較有耐心的人，一個星期也會感到厭煩了，那後面的時間怎麼辦？他會越用越反感，到最後這智慧化恐怕就真的 cool 了，涼了。

這個工程師看來是純粹的理工男，很直爽，說：「我也不懂，反正我是覺得沒什麼價值。」

說到價值，我認為共享辦公空間的最大潛力不是智慧，而是靈活、便捷所帶來的經濟價值，開放空間、社區活動所帶來的社區價值，和我們著力打造的「室內植物群落」帶來的生態價值。我相信生態共享辦公空間是未來的主流辦公場景，而非智慧辦公，共享辦公空間中的智慧化一定要適度，切忌耍酷玩炫。

此外，現在的許多所謂「智慧」，不是以服務客戶為初衷，而是以騙取客戶的大數據為目的。這樣的話最終必將失去客戶的信任，被客戶拋棄。要想贏得客戶，就要站在客戶的角度，了解客戶的需求，解決客戶的痛點。

我們在 SINGRASS 室內智慧生態系統的設計過程當中，同樣面臨一個智慧化的難題。到底智慧到什麼程度？哪些方面應該智慧？為此，我們先從網路上了解類似產品是如何做的，看能不能對自己有所啟發。網路上那些五花八門的所謂種菜機，跟我們的設計理念以及一系列的訴求都相差甚遠，不過好歹都能養花種菜，我姑且稱之為「時尚花盆」，就是時尚的、智慧的、變形的花盆。

在這些「時尚花盆」當中，智慧方面最大的亮點或者賣點是什麼呢？就是把藍牙功能融合進去。「時尚花盆」的頂端會裝上一個訊號接收和一個訊號發射的裝置，而且可以跟手機聯網。如果遇到缺水了，缺電了，營養液不足等問題，「花盆」會發出訊息，傳遞給手機來通知主人。有的甚至裝上鏡頭，可以透過手機隨時看看花草、蔬菜長得怎麼樣。我真想不通，幾個人有這樣的偏好？

第二章　長路漫漫，上下求索　打造企業經營理念

　　在討論的時候，有人建議我們一定要把這個最新的科技用上。我說為什麼要用這個東西呢？我們設計這個產品是給企業或者家庭用的，歸根到底就是給人用的，那麼我們到底是要減少他們的麻煩，還是要替他們增加麻煩？大家說，當然是減少麻煩了。

　　我說現在的人們每天已經被各式各樣的資訊狂轟濫炸，搞得暈頭轉向，不知所從。你再弄這麼一個設計，然後隔三差五地提醒人家，該補水了，該補營養液了，讓人家一天到晚神經緊繃著，最後他只能去補腦了。如果我們不是站在企業客戶和個人消費者的角度來考慮智慧化，把以人為本弄成以科技為本，以賺錢為本，不僅沒有省事反而讓人多事，那這種添亂的科技不要也罷。

　　因此，我們的 SINGRASS 室內智慧生態系統化繁為簡，把智慧用在刀口上，只在補光、灌溉兩方面進行了智慧化的設定。在灌溉上面，我們設定了液位提示功能，透過計算葉菜的需水量與耗水量，可以提前一、兩天提示使用者缺水的可能，而不是等到水快沒有了才火燒眉毛地發個訊息通知你。現在大家生活節奏這麼快，不可能時時盯著手機，加上各種訊息交雜，一不留神沒看到，菜苗就乾枯了。因為菜越接近成熟的時候，對水的需求量就越高，正如一個進入青春期的孩子食量會大增。如果因為一時沒有注意到，導致菜苗缺水乾死，對於主人的打擊就很大了。

　　補光、灌溉功能設定好以後，我們再依據葉菜、香料的生長特性來建植共生的植物群落。我們的目標是找到習性相似的葉菜香料，把它們組合成一個群落。正如吃合菜時，你把食量相差懸殊的人放在一起肯定要鬧不愉快。所以，我們選擇的是對營養液的需求量或者需求濃度接近的品種，這樣彼此之間喝水補液就不會不平衡，從而達到和諧共生的目的。

同時，補光、灌溉的智慧化設定模式直接關係到節水節電和葉菜的品質。葉菜也是生命，不能 24 小時連續補光、灌溉，它們也需要日出而作，日落而息，這樣才能生機勃勃，健康生長，營養豐富，味道鮮美。這樣才能與人、與室內環境產生良性互動，而且可以有效減少水耗和電耗。

　　把這些初始狀態設定好以後，無論是我們的養護人員，還是客戶自己，一般兩週才需要照料一次，哪怕工作再忙的人，這個頻率也足以輕鬆應付。所以我們的智慧化，以葉菜的健康生長為本，以人的身心健康為本，以操作人員省時省力為本，以企業、家庭節能減耗為本，這才是真正的智慧化。否則的話，它就是一個噱頭，中看不中用。

重生態，輕智慧

　　科學技術的躍進式發展，讓很多人措手不及，特別是 ChatGPT 的橫空問世，讓人們既感嘆於人工智慧進化速度之迅速，又震驚於新技術「濫用之殤」，甚至有一些知名人士擔心 ChatGPT 引發災難，要求對其使用加強監管。當然更多的人則是拍掌叫好，特別是那些平時不愛學習的人，可能覺得有了這個東西以後自己可以徹底「解放」了。

　　其實這是一個重大的失誤。速成的東西常常禁不起時間的檢驗，就像速成的食物往往不宜多吃。速食偶爾吃一吃可以，但吃多了肯定對人的健康沒什麼好處。速食的高能量或許讓人吃的時候充滿愉悅，但經常吃速食引起的肥胖、高血壓、糖尿病等病症卻會讓人受害終生，可謂爽一時傷一生。

　　同樣的，學習如果像吃速食一樣速成的話，跳過了過程，那這個結果也是沒有營養的。正如很多人都把「過目成誦」當成能事，總羨慕別人記

第二章　長路漫漫，上下求索　打造企業經營理念

憶力好，學得快。但清代著名書畫家、文學家鄭板橋卻對此持批判意見，他說：「讀書以過目成誦為能，最是不濟事。眼中了了，心下匆匆，方寸無多，往來應接不暇，如看場中美色，一眼即過，與我何與也。」意思是讀書看了一遍便能背誦是最不能成事的。眼裡看得清清楚楚，心裡卻匆匆而過，其實留在內心的並不多，就像在戲院裡看到一個美女，一眼就過去了，和自己有什麼關係呢？

這和我常說的讀書不要一目十行是一個道理，因為營養你還沒吸收就被排泄了。尤其在這個碎片化資訊氾濫的時代，我們更要注重整本書閱讀，讀完一整本書對人帶來的影響，在我自己的學習經歷中已經述及。讀書的過程本身就是獲取、思考、加工資訊的過程，全身心投入去讀一本書，就像你和作者在對話、交流一樣，理解全面而且深入。若是一味看一些碎片化的資訊，只會把自己禁錮在一個狹隘的空間中，甚至被人左右思想，最後連人生觀、世界觀、價值觀都找不到一個正常的定位。

退一步說，哪怕將來真的技術發展到了一個不可思議的程度，比如說可以直接把晶片植入人腦，使得人們不需要再學習。甚至機器人代替了人們現在的勞動，那人存在的意義是什麼，人生就變得虛無了。就像一個人如果生來就家財萬貫，那麼他是不會體會到有錢的快樂的，因為缺少了賺錢過程的情感體驗。

所以，我們的 SINGRASS 室內智慧生態系統「輕智慧，重生態」。人們至少在幾千年前就開始馴化葉菜，幾千年來的相處，人與葉菜之間已經形成和諧共生的親密關係。而且植物處於旺盛的光合作用中，也就是生命力旺盛的時候，人與其近距離接觸，它們就可以為我們帶來生態景觀的效果，比如舒緩眼疲勞，緩解精神壓力，愉悅心情和提高注意力集中度等。這時你去看看它，誇誇它，彼此之間有一個訊息能量的互動，對你的健康

是非常有好處的。

自從有人類以來,我們一直是生活在植被豐茂的自然環境當中。200多年的工業革命,在讓人們的生活水準突飛猛進的同時,也造成了人與自然的隔閡與分離。而近幾十年世界各地大規模的城市化過程中,無數人脫離土地,住進高樓,這也使得很多人一生下來就生活在鋼筋水泥的懷抱中。因此我們無法和自然界的植被進行長時間的密切接觸,也就很難跟它們進行良性的、頻繁的訊息能量的互動,導致了很多城市病的發生和發展。

現代人的疾病出現了兩個耐人尋味的現象,一是不少「老年病」的年輕化,「三高」就不說了,就連老年癡呆症都開始找上一些年輕人了;二是心理疾病變得越來越流行了,如失眠、焦慮、憂鬱,如果心理不健康,哪怕身體再健康,也不能算是一個健全的人。

造成這種現象的其中一個重要原因就是環境的汙染和人們的生活日益與自然環境脫離。以上述老年癡呆症為例,有研究證實,在空氣汙染的室內長時間工作,會導致人的專注力和記憶力下降。

而脫離自然環境對於孩子成長的傷害更是驚人,不少亞洲國家學生的近視率之高大家有目共睹,十之八九的學生最後都難逃近視的命運。那麼近視最重要的原因是什麼?以前的人都以為是長時間近距離閱讀,但是現在科學家已經搞清楚了,是缺少戶外活動!每天只要有兩個小時以上的戶外活動,就可以大大降低近視的風險。然而,這對於東亞和東南亞很多國家的學生來說,卻是一種奢侈。如果現在的孩子能夠像以前的孩子一樣,在大自然中跑跑跳跳,打打鬧鬧,那麼他們的身心一定會發育得更加健康。

第二章　長路漫漫，上下求索　打造企業經營理念

　　面對這樣的困境，我們該如何破冰？一方面，我們要多鼓勵大家走到戶外去，和大自然多多接觸，在自然中成長和療癒。另一方面，我們也要積極地改造室內環境，使其更接近自然生態。以近視防控為例，除了要求各學校增加戶外活動外，不少地方還啟動了照明工程的更新，以模擬陽光的全光譜燈光代替原來的 LED 燈源或者白熾燈，實踐證明學生的近視率因此得以好轉。

　　另外，不少研究發現，自然環境中的生物多樣性可以幫助人們減輕壓力、提高注意力和創造力。我們的 SINGRASS 室內智慧生態系統就是致力於以葉菜建植植物群落在室內重建生物多樣性，透過人與植物之間的良好互動，來模擬自然環境，為在室內生活、工作、學習的人們提供一個健康的室內環境。人與自然的和諧共生，一直是我們努力的目標！

阿米巴經營

實行阿米巴經營的前提

　　阿米巴經營由日本京瓷創始人稻盛和夫先生創制，提倡人人都是經營者。阿米巴經營的推展對企業領導者的素養要求很高，因此很多企業在實際操作過程中往往得其名而失其實。有鑒於此，十餘年來，我在學習和實踐稻盛哲學、實學的同時，一方面努力提升自我的修養，一方面將之與公司的實務結合加以不斷融合和改進，從而打造出一支富有凝聚力和戰鬥力的經營團隊。

　　日本有句話：中小企業像膿包，一變大就破。意思是說隨著企業規模變大，情況日益複雜化，經營者管不過來，捉襟見肘，企業就可能亂套。

| 阿米巴經營

1964年，在京瓷成立5週年之際，稻盛和夫也面臨著這樣的煩惱，創業時28個人，他處處衝在第一線，研發、製造、技術服務等樣樣不落。然而，現在企業的規模擴大了好幾倍，越來越讓他覺得力不從心。

稻盛和夫認真思考了很久，最後想到：「只要回到創業之初的狀態不就行了嗎，就是讓大家都變成經營者。把公司按照工序、按照產品類別，分為若干個小組織，讓它們都像一個小公司一樣，自主經營，獨立核算，獨立營運。」稻盛和夫把這些小組織命名為「阿米巴」，阿米巴又稱變形蟲，最大的特性是能夠隨外界環境的變化而改變體形，不斷地進行自我調整來適應所面臨的生存環境。

阿米巴經營模式的含義就是，企業組織可以模仿變形蟲的生存方式，隨著外部環境變化而不斷「變形」，企業各個單元的主管都是核心。每個單獨的「阿米巴」組織可以自行制定自己的計畫，獨立核算，引入公平的競爭機制，依靠全體成員的智慧和努力來完成目標。

阿米巴經營自誕生之日，就成為稻盛實學的旗幟，催生出京瓷和KDDI兩家世界500強企業。2010年，已經78歲高齡的稻盛和夫臨危受命，出任瀕臨破產的日本航空的會長，用他的稻盛哲學和阿米巴經營重塑日航，僅用一年多時間，就打破了日本輿論圈關於「日航必將二次破產」的預言，不僅讓日航大幅度轉虧為盈，而且創造了日航60年歷史上的最高利潤。

也正是在稻盛和夫入主日航的這一年，我因機緣開始接觸稻盛哲學和阿米巴經營，當時覺得稻盛先生雖然是日本人，但其思想承襲了傳統文化的精髓，而我自己創業過程中所秉持的理念又與其思想頗有契合之處，因此雖然素昧平生，卻有神交之感。之後，我認真閱讀了稻盛先生的自傳以

第二章　長路漫漫，上下求索　打造企業經營理念

及哲學、實學的系列書籍，稻盛哲學和阿米巴經營也從理論走入我的經營實踐中，對公司的理念、制度、規劃產生了很大的啟示和助力，我也對「經營者」這個概念有了越來越深刻的認識。

實施「阿米巴經營」有兩個前提條件：

第一個前提是企業經營者的人格魅力。經營者必須具備「追求全體員工物質與精神兩方面幸福的同時，為人類和社會的進步與發展作出貢獻」的明確信念。領導者的公平無私是帶動員工積極性的最大動力，也是實施阿米巴經營的首要前提。

不幸的是，由於歷史傳統和文化土壤，在華人社會中，要做到這一點遠比日本難得多。

其一，自古以來，居上位者就奉行「獨享主義」，贏者通吃，不願意和他人分享勝利果實。自秦朝建立中央集權制度後，等級越來越森嚴，權力越來越集中。而日本也好，歐洲也好，千年以來都是分封制，也就是分權制。因此當社會出現問題時，可以自下而上進行糾錯，「明治維新」是以成功，而「戊戌變法」卻只能宣告失敗。

其二，以前的社會由於生產力低下，個人要依附於家族才能生存，但家族分享都是以血緣關係為基礎的，對家族以外就比較冷漠，缺乏公共精神。一位人類學家在其著作中把社會的格局形容為「差序格局」，就是愛有差等，重點照顧自己人，之後才能考慮他人。因此，企業老闆可以和自己的親人分享，可以追求所有親人的物質和精神幸福，卻很難做到所有人無差別對待，一視同仁。

華人企業推行阿米巴經營，往往雷聲大雨點小，有始無終，這是一個最大的障礙。但是歷史的車輪滾滾向前，注定要從個人獨享和家族分享進

入社會共享的時代。因為前兩者都是資訊閉塞和排斥自由競爭的特定時期產物,如果今天再這樣,早晚會被市場經濟所淘汰。

早在首次創業之初的1998年,我就了解到了這一點,開始實行名譽股權並永續推動全員學習培訓,從2006年開始公司正式實行股權多元化,並且我逐年減持自己的股權比例。我想以此證明公司是大家的,而不是我自己的,這與稻盛和夫先生的思想可謂不謀而合,因此當我讀到他這句話的時候,產生了強烈的共鳴,第二年,就把它寫進了「員工守則」。

到了第二次創業,我更是從一開始就把共同創業、全體經營定為準則。在我當初面試現在的兩位聯合創始人劉珍妮、王峰才時,我就跟他們一一申明,我不是在招員工,而是在找創業夥伴。後來,公司業務擴大,人員也漸漸多了起來,我也和另外兩位創始人強調,要對所有員工進行培訓、指導,讓每一個人都成為我們的創業夥伴。要推行阿米巴經營,必須先形成「大家庭」的氛圍。

老子說:「以其無私,故能成其私。」在推行阿米巴經營的起始階段,你可能會面臨傳統的束縛,親人的不解,員工的懷疑,必須拿出佛教所謂「勇猛精進」的精神來才能破局,不破則不立。

第二個前提是哲學共有。所謂哲學,就是「作為人,何為正確」,這句話的釋義是,作為人應該做正確的事情,並用正確的方式將之貫徹到底。這裡面的「正確」指的是一些放之四海而皆準的普世價值觀,比如正義、公平、誠實、謙虛、努力、勇氣、博愛等。

稻盛哲學裡有「以心為本」、「敬天愛人」、「動機至善」、「私心了無」等理念,這些理念都指向了人心的良知。各個阿米巴組織之間,以及每一個阿米巴的組織成員之間,在為各自的業績考慮時,如果缺乏為別人,為

第二章　長路漫漫，上下求索　打造企業經營理念

別的「阿米巴」以及為企業整體著想的「利他之心」，阿米巴經營的匯入將困難重重，難以為繼。

「利他之心」是稻盛哲學的靈魂，也是最大的難點，因為人普遍都是利己主義的。稻盛和夫先生認為利己主義會導致一個人眼光狹窄，容易犯錯，只有奉行利他主義才能有大的視野，避免犯錯誤。一家企業如果利己主義盛行，就會陷入無盡的內耗之中，還沒等競爭對手出招，堡壘先從內部破掉了。企業老闆自己先得大公無私，然後感化和帶動其他人，如果員工認為你說一套做一套，肯定不會再堅持原則了。同時，如果企業老闆可以做到這一點，企業的傳承也迎刃而解了。

「哲學」兩個字看起來似乎有點神祕和高深，其實深諳禪宗的稻盛和夫對於「禪即生活」的道理早已經瞭然於心。唐代時，弟子問趙州禪師：「禪是什麼？」禪師反問他：「吃粥了嗎？」弟子答：「吃了。」禪師說：「洗缽去！」弟子頓時大徹大悟。其實禪就是生活，就在我們日常的言行中，根本沒有那麼高深莫測。

就像在 O2WORK 空間，一個員工隨手撿起地上的一張紙屑，這就是實實在在地奉行「利他」哲學，不僅幫了清潔人員的忙，而且對整個公司都是一種極大的幫助。因為如果每個員工都能自覺這麼做，客戶見到了，一定驚嘆我們的素養之高，從而成為我們的口碑宣傳員，那麼公司的發展也就蒸蒸日上了。所以說，利他之心其實很簡單，就在我們日常的一言一行中。

「利他之心」推而廣之，就是一個企業的責任和使命，也就是為社會做貢獻。企業的存在不是要從更多人身上賺錢，而是要讓更多人因為自己過得更幸福。賺錢是結果，絕不是目的。如果以賺錢為目的，就會不擇手

段，損人利己。

不幸的是，在華人社會，我們的傳統和文化又容易讓眼光受限。由於處於封閉地貌，幾千年來孕育出精緻的農耕文明，崇尚功利。古代的商人一有錢就要買地，跟農民搶奪資源。而西方文化的源頭是古希臘為代表的海洋文明，面向大海，崇尚理想主義。有人說，美國的頂級企業都夢想著改變世界，福特（Henry Ford）的理想是讓每個人都開得起車，微軟的夢想是讓每個人都用得起電腦，馬斯克（Elon Musk）的夢想是讓人類移民火星。而我們的頂級企業在做什麼呢？要麼在搞投資想著怎麼錢生錢，要麼在搞壟斷跟窮人搶飯碗。如果頂級企業都這麼目光短淺，那麼中小企業又將何去何從？

我在進入生態領域開始第二次創業之時，就樹立了一個願景：為室內環境更生態，為人的身心更健康。共築表裡如一的綠建築，共享綠色宜居的室內空間。在創業過程中，我們又把這個願景具體化了，那就是透過我們的努力，可以讓更多的人在「綠色、自然、低碳、宜居」的室內空間中學習、工作、生活，可以讓更多的人們免費吃到「最新鮮、無公害、免溯源」的葉菜。

阿米巴經營實操的幾個要點

（一）銷售額最大化，成本費用最小化

阿米巴經營的原則是實現銷售額最大化，且成本費用最小化。對於O2WORK而言，收入最大化基於快速找到目標客群並讓他們認識、了解、喜歡並入駐O2WORK，基於空間及空間中的所有設施可以永續穩定的創造收入，基於針對不同客戶群的個性化需求精準制定各種服務配套。

第二章　長路漫漫，上下求索　打造企業經營理念

　　然而，比起不斷提高收入的理想，成本控制往往更為實際。對此，稻盛和夫說：「在公平的市場競爭環境中，價格是由市場決定的。自由經濟也就意味著眾多同業者之間的嚴酷競爭，只要不屬於壟斷行業，企業就無法做到隨意提價。因此，在以市場價格銷售同樣的商品時，要想實現高收益，唯有進行徹底的成本控制。」

　　成本費用低並不是針對員工薪資，我們的目標是「員工薪酬待遇高，企業人力費用低」。對於O2WORK而言，做到成本費用最小，要基於整理、細化、量化成本費用項目，從物業租賃、空間設計與裝修開始，直到空間營運中的各種耗材和人力資源招培考核，進行成本費用項目的全面細膩爬梳，擬定各個環節的成本費用項目及其詢比價機制，降低費用，提升績效。並且經常突破慣性思維，從根本上思考、檢討我們的營運模式和成本費用的項目和結構，進行動態調整。

　　「華人船王」包玉剛先生在成本控制上一直以來為人稱道。他自己連一張寫「最高指示」的紙都要分成好幾次用，能省則省。他不允許船東隨意浪費一分錢，因為在船運行業，船東控制開銷直接關係到公司的競爭能力。包老先生雖然不知道什麼阿米巴經營，但他將每艘船進行分權管理，每艘船都是獨立的公司，以便能準確考察其經營和利潤狀況，這和阿米巴經營有異曲同工之妙。

　　包玉剛為何如此執著於省錢呢？因為船運業是一個風險很高的行業，當年他創業的時候向滙豐銀行貸款買船，對方以風險高為由拒絕，為了面見銀行的貸款負責人，他足足在人家的辦公室門口等了一個星期。船運市場隨時可能大起也可能大落，新冠疫情之前、之中世界航運業的形勢變化就充分驗證了這一點。如果平時大手大腳慣了，一旦遇到形勢急轉直下，一時間難以改變，那麼公司就難以挺過寒冬。

阿米巴經營

因此，平時的節省實際上是居安思危，未雨綢繆，事關公司的長遠發展和每個員工的長遠利益。同樣，京瓷之所以能歷經市場動盪，保持 50 年不虧損，也正是基於平時對成本控制的高標準。

我們的每一個 O2WORK 生態共享辦公空間和每一個 SINGRASS 室內智慧生態系統建植養護組隊都是一個獨立的阿米巴，也可以看成一艘船。我們都在同一艘船上，風雨同舟，這艘船要行穩致遠，需要所有人每天一點一滴的努力。

(二) 單位時間附加價值核算

成本控制於細微之處見真章。為此，作為經營者，我們務必深入現場，了解、掌握每一項事務的本質，不斷升級品質和成本。沒有專注和深入，走馬看花式的工作難以發現問題及其本質，自然無法找到銷售最大化和費用最小化的具體方案，經營必定失敗。

但是隨著企業規模的擴大，部門眾多，經營者不可能像孫悟空那樣拔出一根毫毛化成許多分身。哪怕是經營者親臨現場，面對瞬息萬變、錯綜複雜的市場資料，也難免消化不良。況且，經營者事無大小全權負責是一種很傷元氣的行為，諸葛亮是中國歷史上智慧的化身，但他最不聰明的一件事就是事必躬親，在蜀國大小事情一把抓，擔心下屬做不好，捨不得放權，結果不僅造成了人才團隊青黃不接，還把自己累成過勞死，英年早逝。

阿米巴經營將每一個能夠獨立完成業務的基層單位細分為相對獨立的小團體，按照成本和利潤進行獨立核算。這種模式的核算不是以表面利潤作為標準，而是以代表每一小時勞動時間所創造的附加價值額的「單位時間利潤」作為核算指標。

第二章　長路漫漫，上下求索　打造企業經營理念

　　為什麼要計算每小時的而不是每個人的附加價值呢？因為每小時的附加價值不僅可以準確地展現出勞動效率，而且可以直接暴露出冗員狀況。附加價值 ÷ 員工人數＝人均附加價值，附加價值 ÷（員工人數 × 勞動時間）＝每小時附加值。4 個人每個人工作 7.5 小時，3 個人每個人工作 10 小時，5 個人每個人工作 6 小時，勞動時間是一樣的，但企業的成本卻不盡相同。

　　藉助單位時間核算表，經營管理者只要透過檢查各單元提供的核算報告就可以知道哪個部門盈利，哪個部門虧損，從而準確地掌握公司的實際經營狀況，做出正確的經營判斷，隨時採取必要的措施。

　　單位時間利潤核算使阿米巴的經營成果直接取決於成本的控制，促使每一個一線員工都要學會「算帳」，為了降低成本，帳就得越算越細。不管是對 O2WORK 還是對 SINGRASS，我們都要求每一項指標細分到月、週、日，每一項服務具體到通路、人員、對接頻率，宣傳的方式、次數、費用。透過阿米巴經營，能夠使員工變被動為主動，自覺將目標落實到位。

　　「天下武功，唯快不破」。當今企業經營速度之快與過去不可同日而語，時間已成為致勝的關鍵。單位時間利潤核算讓員工把自己的勞動價值精確到每個小時，有助於他們積極尋求用最短的時間完成同樣的工作，或者尋求用最合理的時間安排解決問題，逐漸成長為「時間管理高手」。

(三) 培養具有經營者意識的人才

　　「經營者意識的人才」中包括兩個核心詞彙，一是經營者意識，二是人才。

　　先說人才，對於大部分工作來說，優秀人才的標準切忌唯學歷論或者

唯能力論。人與人雖然在智商和能力上存在著先天的差距，但這種差距經過後天的努力大都是可以彌補的，一般人經過努力完全可以勝任絕大部分工作。學歷高、能力強的人如果自以為是，認為這樣的工作不必做，那樣的工作太簡單，此消彼長，最終反而會輸給資質不如自己的人。稻盛和夫先生曾說：那些我覺得聰明能幹的人才總是很快就離職了，沒有一位留下來，最後是那些踏實肯做、任勞任怨的員工創造了京瓷的輝煌！

其實，一個人的能力恰恰表現在同樣的工作，別人需要七天完成，自己只要三天完成，而且，別人隨意輕率地做完了，而自己可以總結出關鍵點和合理的流程，還可以教會別人如何既好又快地完成此類工作。這樣的話，自然可以逐步在其他員工中樹立威信，獲得別人發自內心的欽佩和支持，大家自然也會推他為領導者，翕然從之。所以，一個人只要肯做勤做，做完善於思考和總結，並且樂於幫助他人，就具備了成為人才和領導者的條件。

再說經營者意識。現實中很多經營者存在身分意識上的失誤，總覺得高高在上發號施令才是經營者，凡事親力親為就降低身分了。其實，喊破嗓子不如甩開臂膀，如果不能與員工在一線的工作中建立信任，而只是發號施令，員工口從心不服，一旦發現你說錯了，還會嘲笑你，以求心理平衡。這樣，根本無法帶領團隊一致向前。經營者的威信是由信生威，而不是由威生信。

對於 O2WORK 生態共享辦公空間來說，每個空間的衛生清潔是與會員、訪客的感受密切相關的工作，但也都是些雞毛蒜皮的小事情，管理者往往認為這樣的事情不值得親自出手，怕被人看見太掉價。可是，如果管理者不能身先士卒地做出表率，親自把每一項清潔工作的每一個細節操作一遍，空間的清潔就難以做到盡善盡美。會員和客戶看到各式各樣的問題

第二章　長路漫漫，上下求索　打造企業經營理念

就會搖頭嘆息、嗤之以鼻，最後不僅會選擇離開我們，還會對外傳遞負面資訊。

傑克・威爾許（Jack Welch）曾說，我一半的工作時間是與員工待在一起的。松下幸之助、稻盛和夫等日本的優秀企業家都強調並作到了現場管理，即管理人員要待在生產、經營的一線。這就是所謂的管理捷徑。

阿米巴崇尚的是全員經營，不僅僅是阿米巴負責人，每一位阿米巴的成員都應該建立經營者的意識。有個成語叫「盛情難卻」，你把自己當主人，自然要盡地主之誼，對待客人就會「盛情」，客人自然也就「難卻」，這樣企業在社會上的認同感自然越來越強，發展勢頭也會越來越好。

稻盛和夫當上日航會長後，發現航空運輸產業因為擁有許多價值昂貴的飛機和相關設備，往往被人認為是龐大的裝置型產業。然而，他意識到雖然有這個面向，但航空運輸業歸根結柢是「服務業」。而要為乘客做好服務，關鍵是改變員工心態，不是把自己放在服務人員的位置，而是把自己放在經營者的位置。他認為，到日航集團拚命工作的員工們，如果不能從心底感覺到「在日航工作真好」，如果企業實現不了這一項，就不可能為旅客提供最好的服務，也不可能提高企業價值，回報股東，為社會做貢獻。

雖然共享辦公空間在資產設備上和航空無法相提並論，但在這方面也有相通之處。因為共享辦公空間也是重資產投入，很多人可能會將之理解為商業地產租賃行業的類型，但其實本質上也屬於「服務業」，這也是我一直強調的。

我要求空間的社區工作人員必須帶給會員和訪客燦爛的笑容和體貼的服務，讓大家充分感受到「綠色、自然、低碳、宜居」。為此，社區工作

人員絕不是服務人員,而是空間的經營者。不僅負責空間及其設施的養護和所有會員、訪客的服務,還要盈利。我們必須牢記:服務是人與人的互動,社區人員務必對會員和訪客用心、細心,才能以心換心。

信譽是企業生存和發展的基石

在工作中,我常常告誡同事們,絕不能為了利益而糊弄客戶,甚至是隱瞞和欺騙客戶,這樣的話哪怕你一時得利,最終也會失去客戶的信任,得不償失。近三十年的創業經歷,讓我深深明白一個道理,信譽就是一家企業生存和發展的基石,一旦被利益沖昏頭腦,把這個基石毀掉,假以時日,企業必將轟然倒下。

我從第一次創業時,就一直秉承著誠信經營的理念,因此公司的發展始終得到客戶口碑的加持,這才能夠在激烈的競爭中殺出重圍,做大做強。

記得我創業的第二年,有一天,突然接到一個小廠女老闆的投訴電話,說我們供的貨有問題,不僅缺了十幾塊鋼板,而且整包盒板的重量也比標籤重量輕了很多,她帶著哭腔說:「我們是小本經營,這樣的損失可負擔不起啊……」對方是生產手搖風箱的,剛從我們公司購買了一包兩噸左右的冷軋盒板,出貨時檢查完包裝也沒發現問題,怎麼會突然冒出這樣的情況?

我一時有點傻了,當時我們的鋼板批發業務剛剛發展,盒板的計重都是以外包裝標籤上標注的重量為準,一直也沒出過錯。接到電話的第二天,我就帶著同事趕到了這家小廠,仔細檢視了盒板的包裝後,認定不存

第二章　長路漫漫，上下求索　打造企業經營理念

在人為抽取鋼板的痕跡，應該是出廠包裝過磅前就出了問題。於是，我當場掏出現金全額賠付給對方，女老闆沒想到拆了包裝後我們還能如此爽快賠償，不由感動萬分。

事後不久，公司來了幾位新客戶，原來他們都是那位女老闆的朋友，知道了這件事之後，都認為我們公司講信譽，跟我們訂貨有保障。正是憑藉這些客戶的口口相傳，我們公司的鋼板批發業務很快就打開了市場，從此形成了批零兼營的銷售格局。

現在，我們面對的市場環境與當年相比已經是迥然不同，但是以誠信經營為本的初心卻沒有絲毫動搖。

SINGRASS 室內智慧生態系統主要面向 G 端（政府）和 B 端（企業）的客戶，因為這些客戶的工作環境都有長時間的冷氣供應。但是不少 C 端客戶，也就是個人消費者看到之後也讚不絕口，覺得這套系統外形美觀，可以放在家裡裝飾，就像有人喜歡家裡放個大型觀賞魚缸一樣。

其實家裡種菜可比家裡養魚 CP 值高多了，一來養魚只能看不能吃，而種菜可以獲得最新鮮、無公害的葉菜；二來種菜可以增加屋內的含氧量，而養魚還要跟人搶氧氣；三來種菜可以讓屋內的一角化身為「開心農場」，全家一起種菜、採菜、炒菜、吃菜，其樂融融，增進了家庭成員間的感情，在這個大家低頭各自滑手機的時代，還有比這更有益更有趣更溫馨的家庭活動嗎？

然而，有些私人客戶可能擔心家裡空間比較小，想把系統擺在陽臺上。我們的個別員工衝著多銷售的利益觀，就動搖了，漠視了室內智慧生態系統正確使用的是非觀，說：「李總，他要買是他自己的選擇，他願意放哪裡就讓他放哪裡，這是他自己的權利。我們已在說明書上寫了只能放於室

> 信譽是企業生存和發展的基石

內不可放於戶外了,他要是執意不從,就要放外面,弄壞了是他自己違反操作規程,不是我們的責任。」

聽了這話,我不由得火冒三丈,責備他說:「你怎麼能這樣思考問題!我們這個室內智慧生態系統為什麼一定要放在室內,因為適宜葉菜生長的氣溫最好在攝氏 15 度到攝氏 25 度,而在新加坡,只要有冷氣的環境,氣溫基本都在攝氏 25 度以內。但是如果把它放在陽臺,按照新加坡的氣候,一年四季基本上只有夏天,氣溫在攝氏 24 度到攝氏 35 度之間,每天的低溫幾乎都在這個適宜溫度的上限,你讓他放陽臺去種,種得出來嗎?」

還有一個更嚴重的問題,一旦陽臺被雨淋了,雨水從頂部的散熱孔滲入,把電路系統燒了,輕者會讓家裡的電路短路,重者可能引起屋子的火災。我告訴他,任何一個產品都不可能適合所有場景,就像任何一種藥都不可能包治百病一樣,我們推廣產品絕不能為了利益而抱有僥倖心理,糊弄客戶,甚至是隱瞞和欺騙客戶,這樣的話哪怕你一時得利,最終也會失去客戶的信任,得不償失。

所以,我就鄭重地跟同事們強調:我們一定要保持頭腦冷靜和清醒,如果是私人使用者要購買我們的 SINGRASS 室內智慧生態系統,一定要問清楚幾個問題。首先,他家庭裡邊的空調是從幾點開到幾點,每天開多長時間;其次,他想把這個系統放在哪裡,是客廳,還是臥室。如果放在臥室,事先要讓他知道系統會發出水流的聲音,也許對有些人來說這樣的聲音具有療癒或者催眠的功效,但是對更多人來說,可能不僅不能催眠,還會失眠。所有這些東西都要設身處地替客戶考慮好。絕不能為了銷售,為了我們自己的利益隱瞞或者欺騙客戶,讓客戶花冤枉錢。

人無信不立,雖然各國國情、文化差距甚大,但是以講信譽為美德卻

133

第二章　長路漫漫，上下求索　打造企業經營理念

是放之四海而皆準的普世價值觀，不論是華夏的君子，還是歐洲的騎士，都把「信」字看得比生命更重要，為了遵守諾言而付出生命的事例不勝列舉。而對企業來說，信譽如一座大廈的基石，一旦基石被抽走，那麼這座大廈離傾塌也就不遠了。

2016年4月，我和某生態公司合資合作在新加坡成立了公司，公司的業務除了生態修復之外，還有進口牧草。透過做這件事，我才知道多年前轟動一時的「三聚氰胺事件」的緣由。

在養殖業中，牲畜吃的草分兩類，一類是天然牧草，就是當地自然生長的牧草，相當於土特產，牛喜歡吃，但是這些草的蛋白質含量比較低，導致牛奶的蛋白質含量也比較低。另外一種草是人工牧草，就是人工培育的品種，其蛋白質含量遠高於天然牧草。牛吃了人工牧草之後，牛奶的蛋白質含量也高，就是「優質牛奶」。反之，那些蛋白質含量不足的牛奶就成了「劣質牛奶」。

然而某地人工牧草的產量遠遠滿足不了畜牧業需求，只好靠大量進口。當然，進口的牧草就像進口的食品一樣比較貴，這無疑會抬升養牛的成本。這樣，不法分子就走旁門左道，在牛奶中加入了三聚氰胺。三聚氰胺被稱為「蛋白精」，可以在牛奶品質檢測時提高蛋白質指數，而且價格便宜，幾乎沒有什麼味道，但它屬於致癌物質，對人體傷害極大。這樣的有毒物質，成年人尚且無法承受，更何況是身體尚未發育完全的兒童。兒童是什麼？是國家的未來！一個企業傷害了國家的未來，它還能有未來嗎？

信譽是雷池，膽敢越過半步必遭雷擊。「三聚氰胺事件」中鋃鐺入獄的企業法人和永遠被打上恥辱烙印的企業品牌為世人敲響了警鐘。然而，「三聚氰胺事件」的本質其實是食品安全問題，在當今世界，食品安全仍然是困擾人們的最大難題之一。因為在利益面前，要完全阻止人性的貪婪

幾乎是不可能的。現在大多數人衣食無憂，不用擔心被餓死，但是很多人卻擔心被「毒死」，因為各種不健康的食品真的是讓人防不勝防。

我們研發 SINGRASS 室內智慧生態系統，一個重要目的也是為人們的食品安全提供一個可供選擇的解決方案。因為我們種植的是真正可溯源、無汙染的葉菜，還有什麼比菜在自己眼皮底下長大更讓人放心的呢！播種、施肥、養護，剛開始你養菜；採摘、食用、消化、吸收，到最後菜養你，大道歸一，這裡面有一種美好的生命哲學。

我們在測試研發室內智慧生態系統種植葉菜時，每增加一個變數至少都要花費一個月來測試和比對，過程之繁複簡直讓人抓狂。但是，唯有如此才能搞清楚葉菜生長最接近自然的方式，因為最自然才是最健康的。舉個例子，如果讓補光燈 24 小時不停地照，哪怕葉菜能夠長大，但它肯定沒辦法像自然狀態下那麼健康，因為自然條件下是分白天黑夜的，陽光不可能白加黑照個不停。

我們的精益求精，既是對顧客健康的負責，也是對自己信譽的珍惜。因為吃進肚子的葉菜沒辦法像壞了的汽車，還可以召回。

▍篤實力行才是工作的捷徑

在平常的學習、工作中，很多人熱衷於尋找捷徑，但真正找到捷徑的人並不多，弄巧成拙的人卻不少。透過這麼多年的親身實踐，我也找到了一條工作的捷徑，那就是凡事「問目的，求結果」，專注於工作本身，捨棄那些不該做的事，篤實力行，持之以恆，那麼最終你會比別人更快到達目的地。道家講「大巧若拙」，說的就是這個道理。

第二章　長路漫漫，上下求索　打造企業經營理念

　　到底什麼才是工作的捷徑？我經常對員工講，工作的捷徑一定是圍繞工作本身，而不是圍繞你個人的偏好。個人的偏好就是站著不如坐著，坐著不如躺著，事少錢還多，最好什麼都不用做直接等著數錢。但是你又免不了要工作，要做事，因為企業不是慈善機構，不可能讓你不勞而獲。所以你要工作才有收入，才能滿足生活和消費的需求。

　　光工作還不行，還要把工作做好。員工工作做不好，公司就沒有效益，拿什麼發薪資給你？如果這樣，即使你這個月拿到錢了，下個月可能也拿不到錢。那怎麼樣才能把工作做好呢？

　　第一步，問目的，求結果。

　　但凡做事，一定要時刻問目的，求結果。否則，就容易做出一些華而不實的表面文章，很難有永續的、長遠的收效。

　　有些事情，是我們想做，但是不應該做的；有些事情，是我們可以做，但是不應該做的；有些事情，是我們會做，但是不應該做的。如果我們在工作前和工作中時刻問清楚做事的目的，那就會放棄那些我們不應該做的事，集中精力做我們應該做的事，並且力求做好。

　　其實，我們如果凡事能夠先問清楚目的，那麼可能很多事就會選擇不做，那些與我們的目標或者結果無關的事情，我們就會選擇不做。把這些不應該做的事情捨棄掉，就是一次化繁為簡的過程，剩下的就是應該做的事情，就是捷徑。

　　而且，在工作中，作為團體的一分子，我們做事情不能只考慮自己，還要從整個團體的角度考慮。否則你一個人的結果實現了，團體的結果卻受損了。你一個人的單贏不是真正的贏，團體的雙贏才是真正的贏，這也是阿米巴經營的一個重要原則。

> 篤實力行才是工作的捷徑

現在籃球比賽中都會統計正負值,也就是一個球員在上場時間內,球隊整體比分的輸贏情況。正負值越高,證明這名球員出場後為球隊帶來的幫助越大,反之亦然。所以,你上場後不能光顧著展示各種花俏的動作,要切實為球隊帶來幫助,如果你經常喜歡「耍酷」導致球隊貽誤戰機或者總是偏心把球傳給自己的好兄弟而非位置更佳的隊友,教練很快就會讓你去坐冷板凳。

第二步,篤實力行,行穩致遠。

我們不僅在做事目的上要求實,在做事過程中也要務實,一步一個腳印,心急不僅吃不了熱豆腐,還有可能被燙出一嘴的水泡。

我常以學習為例來告訴同事們工作的捷徑是什麼。一個人剛開始學寫字的時候肯定是一筆一畫地練,這樣才能把字寫好。同樣的,學一門專業知識,你肯定也會逐字逐句,一點一點地吃透每一個字詞的含義,在此基礎上再舉一反三地對那些不了解的東西進行延伸學習,這是最有效的學習方法,是捷徑。如果依你個人的喜好,最好是一目十行,看似效率很高,實際上什麼也沒記住。

我上小學的時候,父親要求我抄字典、抄成語詞典,規定每天必須抄夠多少頁。當時我存心應付他,故意把字寫得大一點,這樣可以用盡量少的字交差,頁數夠了,但是字可以少寫。所以後來搞得自己只能寫大字,寫不了小字,現在想想都可笑。但是這件事對我也不無益處,我現在的寫作功底全靠小時候打下的一個相當好的基礎,而這個基礎又得歸功於我父親的這種笨辦法。當時或許不理解,但現在我明白這恰恰就是學習的捷徑。

在工作中讀書和上學時讀書不一樣,因為在工作中讀書是為了解決問題,重在品質而不是數量。讀萬卷不如讀百遍,要一字一句地讀,而不能

第二章　長路漫漫，上下求索　打造企業經營理念

　　一目十行，要結合工作內容思考並寫出建議，這樣才能快速成長。人的成長過程就像點連線、線構面、面構體的過程，如果對於工作中的一個個點缺乏正確的了解和認知，就無法連接出清晰、正確的線條，也就無法建構出正確的面和體，無法健康成長。

　　以足球為例，一個球員要懂得跑位，否則會勞而無功。跑位看似簡單，但是學會真正的跑位並不是一朝一夕的事情，需要你在平時的訓練中無數次練習、總結、分析、反思、改進，這個過程是非常漫長的，如水滴石穿一樣。十幾億人為何出不了一個世界級的球星？其中一個重要原因就是這些球員普遍基本功不行，早年訓練的時候好逸惡勞，能顛球99下絕不顛100下，能跑99步絕不跑100步，長大後技術已經成型了，再想提升難如登天。

　　反觀同屬於東亞，人口僅有幾千萬的韓國卻出了一個世界級球星孫興慜，他在競爭最激烈的英超賽場奪得最佳射手，成為亞洲之光。孫興慜的父親是前韓國國家隊隊員，從八歲到十五歲，孫興慜每天都要跟父親進行六小時的基本功訓練，包括左右腳共一千次的射門。有一次，孫興慜在比賽中炫耀自己，結果遭到父親懲罰，要他連續顛球四小時，球一旦落地，就要從頭來。顛到最後，孫興慜眼睛都充血了，這種魔鬼訓練整整永續了七年。如果每個教練都像孫興慜父親那樣認真，如果每個球員都像孫興慜那樣努力，還愁出不了好球員嗎？

　　那些世界上最好的球隊對陣時，形勢瞬息萬變，球場上一個動作的處理都可能影響結局。比如當隊友空中長傳給你時，你停球稍微遠一點，對方的後衛就可能衝過來把球破壞掉了。而要做好一個停球的動作就需要平時不斷地練習、測試、提升，這跟我們研發室內智慧生態系統和測試葉菜種植的道理是一樣的。

篤實力行才是工作的捷徑

我們在研發室內智慧生態系統時，需要大量反覆的測試和記錄，一些員工就耐不住性子，嫌麻煩，不願意不折不扣地做紀錄，覺得這是在耽誤時間。為此，我不厭其煩地和這些同事一遍又一遍地講一個道理，我說你們經過測試，自己會做了，但是你一個人會做有什麼用，難道我們公司只賣這幾臺室內智慧生態系統？哪怕你一個人能照料 10 臺，那第 11 臺怎麼辦？是不是得讓別人也會？如果讓別人會的話，你在做的時候就應該把所有細節都記錄下來，然後定時總結分析，整理一套操作方法和規範標準，這樣的話再去教別人就很簡單了。經過這樣的不斷強調，終於說服了我們的研發人員。

這件事就包含著我剛才說的兩個做好工作的要點：一是「問目的，求結果」，你的目的不是自己養護所有的生態系統，而是讓更多的同事也學會養護，要讓更多的客戶學會養護；而要讓別人學會，你自己就得學好，正如要給人一杯水，你自己先要有一桶水。二是篤實力行，循序漸進。只有一遍遍反覆地測試和改進，在實踐中發現問題，分析問題，解決問題，才能對室內智慧生態系統的效能瞭如指掌，才能把複雜問題簡單化，否則後面需要花更多的力氣。所以，這才是捷徑。

《西遊記》其實講的就是一個做人做事的道理。明明孫悟空一個筋斗雲十萬八千里就可以到達西天，兩個筋斗雲一個來回就可以把經書取回來。可為什麼師徒四人還要歷經九九八十一難，一路降妖除魔，才到達西天取經呢？因為只有這樣，你得到的才是真經，哪怕是差一難，人家也是先給你假經書，等你最後一難補齊了才把真的經書給你。所以，不經歷重重磨練和考驗，你的成功經驗就是「假經」，就像危樓一樣，一場風雨過後可能就會倒塌。

「千淘萬漉雖辛苦，吹盡狂沙始到金」，讓我們共勉！

學會和產品親密接觸

早年我從事鋼材貿易的時候，公司新招的大學生無論處於哪個職位，培訓時全部要到一線去盤點鋼板。因為我覺得只有這樣才能真正認識產品，掌握專業知識，進而認識和認同公司。第二次創業的時候，我也堅持了這樣的理念，要求員工與每一個共享空間，與每一臺室內智慧生態系統親密無間，這樣彼此之間才會有能量場，才能把自己對產品的情感傳遞給客戶，從而打動客戶的心。

學會和產品親密接觸，是學習專業知識和鍛鍊專業技能的一個捷徑。我第一份工作是在一家企業做財務結算，這也算專業對口，學以致用。當時公司很重視新員工的成長，到職後就安排我們新員工進行專業知識、公司制度等方面的培訓。

可惜這種培訓缺乏針對性和有效性，照本宣科，流於形式主義。現在回想起來，我只記得當時做了培訓，但是具體培訓什麼壓根就不記得了。當時還沒有手機可以滑，大家培訓時都是埋頭各自讀文件讀資料，臺上的主管自顧自地講，員工卻聽得昏昏欲睡。

我真正開始理解金屬材料方面的專業知識，是在做結算工作的過程中。因為客戶要拿提單過來找我付款結算，趁著這個時候，我就會問他們提單上寫的是什麼，這個符號表示什麼，後邊這個線材規格都代表了什麼，線材長什麼樣，鋼板長什麼樣，鋼管長什麼樣，槽鋼長什麼樣，鋼軌長什麼樣，最後做成什麼樣的產品。對此，我都會在結算的時候跟不同的採購員聊一聊，向他們一一請教，我大部分的金屬材料知識就是透過這種方式弄清楚的。

但這種方式雖然高效，卻存在著不小的缺陷，因為相關的知識都是

來自於別人的口頭描述。那個時候也沒有手機，沒法隨時打開手機看看圖片，沒法建立具體的形象，只有一個抽象的概念，在腦中留下籠統的印象。

好在並沒有等太久，到了1996年開始創業的時候，我就有機會接觸實物了。在結合實物學習的時候，我就發現學習效率跟以前相比簡直是天壤之別。以前學習純粹是理論，就像霧裡看花一樣，花固然很美，但是隔著一層霧總是沒辦法看得那麼透澈。現在有了實物對照，理論連結實際，就像陽光照耀一樣，一下子把霧氣給驅散了，看得清清楚楚，以前想不明白的東西頓時豁然開朗了，不僅學得快，而且還不容易忘記，記住了就忘不了。

所以到了1998年，公司開始從大專院校徵召畢業生的時候，我就自己摸索出了一套讓員工快速掌握專業知識的方法，或者說是一套培訓的體系。我規定，無論你應徵的是業務、財務、保管，在公司組織培訓期間，通通下放一線去點鋼板──因為當時我們公司的主營業務就是專銷鋼板。

那些冷軋鋼板是以公釐為單位計量厚度的，很薄，有的厚度只有0.5公釐。這些剛從大專院校畢業出來的天之驕子們就在膝蓋下面墊上一個紙箱板，然後跪在地上一張張清點，每數到10張就插個紙條做個記號，直到把幾百張薄薄的鋼板徹底數清楚。

這些學生一般是7月分畢業，畢業之後辦理完就業手續，回家再歇歇，差不多等到9月、10月分才能上班。而9月、10月分，家鄉那邊已經到了深秋季節，容易颱風，真的是秋風瑟瑟，冷意襲人，到了中午，秋老虎一發威，又是熱氣逼人。

第二章　長路漫漫，上下求索　打造企業經營理念

就在這樣的環境當中，無論你學的是財務，還是市場行銷，或者別的專業，要想工作，通通要過這一關。遺憾的是，不是每一個人都能承受得住考驗，其中就有幾個比較優秀的大學畢業生提出辭職。大概他們心裡想的是：這是什麼鬼玩意，我們來這裡是坐辦公室的，不是來數鋼板的。在那工廠裡頭，風一吹，土都能把眼睛糊住，一個大學生光鮮亮麗地來，沒幾天就變得灰頭土臉，這還能待得下去嗎？

我們的一些管理人員也勸我說：「李總，你快別弄這玩意折磨人了，把這些優秀的人才都折磨跑了。」但是，我還是堅持己見，因為從自身的成長經驗來看，我認為這是一個非常有必要的過程，是了解產品、了解公司的捷徑。所以我就跟他們說，跑了的都不夠優秀，你以為他是個人才，但如果他不能過這一關，他將來可能會產生的是破壞力，而不是生產力。

我以一個新招來的財務為例，因為我就是學財務出身的，在這方面比較有話語權。我說，財務來我們公司做什麼，他要對我們的生產經營活動進行反映、核算、分析、監督。如果他連我們賣的是什麼都不知道，或者連產品的樣子都搞不清楚，這就意味著他對公司的產品、對公司的生產經營活動是沒有真正認知的。在這種情況下，他記住的就是個詞語，記住的就是個數字，如果只需要記住個詞語或數字，那小學生就可以做了。如果這樣的話，父母花那麼多的錢讓他讀大學就毫無價值了。

雖然你讀了個大學，但只是學了書本上的專業知識，按照古人的話說叫只登堂沒入室，就是有了基礎但還沒摸到真正的門道。要想真正入門，還得學習工作中的專業知識。比如學的是財務，那就要了解清楚公司經營的產品和服務是什麼。如果連公司賣的是什麼都不知道，產品長什麼樣子也不知道，它的品種、規格、產地、材質之間存在什麼樣的差異都不知道，那怎麼報價、怎麼收錢，就連業務員開錯單子都發現不了。

> 學會和產品親密接觸

　　後來的事實證明了我的擔憂，工作當中真的就發生了這樣的問題。在鋼材中，Q235 普通碳素結構鋼跟 16 錳結構鋼是完全不一樣的材質，16 錳鋼因為加了錳，成為一種高強度的鋼材，一下子身價飆升，非常昂貴，過去的錳鋼腳踏車那可是了不得的奢侈品。但是我們這位財務人員居然不看字首，只看到個鋼板，看到規格、厚度一樣，也不管材質的區分，就當作同一個品種處理了。你想想，就像一個肉店老闆把牛肉當豬肉賣了，能不虧死嗎？之所以會出現這樣的問題，就是因為沒有經歷在一線認真的深入的訓練，對這些貨物分不清楚。

　　第一次創業的經驗也為我第二次創業帶來了啟發。在 O2WORK 執行的過程當中，我一直堅持讓員工與空間培養感情。我親自帶著大家做巡查，向他們做指導示範：你一進門要看到什麼，做些什麼；進了門，我們設計好行動路線，這個方面有什麼要注意的，那個方面要注意什麼，每個方面怎麼檢查清潔；請大家坐在沙發、椅子上來檢視茶几、桌面、地面的清潔狀況等等。

　　這些東西都要讓員工在實際工作場景當中認真體驗，學會關注每一個環節和每一個細節。這樣，他們才會跟空間中的一桌一椅、一草一木培養感情，才能做到對空間瞭如指掌，在向客戶介紹空間時才能胸有成竹，而不會結結巴巴，回答客戶問題才能應答自如。

　　在 SINGRASS 室內智慧生態系統方面，我們對所有人員的基礎培訓也是如此，要求大家透過對室內智慧生態系統的拆裝、清洗和葉菜的養護、採收來培養深刻的感性認知。

　　現在，我們不僅在 O2WORK 的每一個生態共享辦公空間展示 SIN-GRASS 室內智慧生態系統，在 PLQ、OUE DOWNTOWN、UNITED SQUARE、NOVENA、KINEX、ONE RAFFLES PLACE 等一些地標建築

第二章　長路漫漫，上下求索　打造企業經營理念

和多美歌地鐵站的 STAYTION LIFESTYLE 也有展示。行銷人員除了對葉菜進行養護之外，還要對室內智慧生態系統進行巡查。我們把巡查的步驟做得非常細膩，可以說是呵護備至。

按照規定：第一步你要先從遠處觀察它的外觀，看看有無異常；第二步你要看它的觸控式螢幕，看有沒有被人動過，因為有很多人出於好奇心，會去按那個觸控式螢幕，但是按完了以後，他又不懂怎麼恢復，有可能就把補光燈給關掉，或者是把補光定時給調整了；還有灌溉方面也會遇到這種情況，位於展示地點的室內智慧生態系統的灌溉系統經常被一些人出於好奇心給關掉了，導致整臺菜苗枯死。

一個種地的老農看到自己的菜死了，可能傷心地流下眼淚，因為在一天天勞動中，人和菜之間早已經建立了密不可分的感情。我們照顧這些葉菜，雖然不用「汗滴禾下土」那麼辛苦，但是透過一天天的培育和守護，看著它們發芽成長，肯定會有一種發自內心的感情，面對意外情況的發生一定會非常痛心。如果沒有這種陪伴和守護，感情就無法建立。所以說我們和產品的感情是在長期的相處中培養起來的，除此之外，別無他法。

我反覆跟員工講，你來到我們這樣一個公司，首先就要了解室內智慧生態系統是個什麼東西，然後一步步熟悉它，你要能夠閉著眼睛把它裝起來，閉著眼睛把它拆了。而且你要知道這些不同品種的葉菜香料，它第一週長什麼樣，第二週長什麼樣，第三週長什麼樣，什麼時候採收，採收的時候有多高、多重。只有把這些東西透過自己每一天的觀察和操作熟稔於心，在客戶面前介紹產品和服務的時候才會有熱情，才會產生能量場，才會感染到客戶，否則的話就跟念經似的，誰愛聽呢？

賣什麼的吆喝什麼，「老王賣瓜，自賣自誇」，這些耳熟能詳的俗語後面其實隱含著很深刻的道理。就是你不能光吆喝，拚嗓門，你得能吆喝清

楚,得把自己的產品誇出來,而且是熱情洋溢、自信滿滿地誇出來,讓顧客聽了之後產生消費衝動,如果沒有每天在現場和室內智慧生態系統朝夕相處,根本無法達到這個目標。

日事日畢,日清日高

「日事日畢,日清日高」要求實現兩個目標:一是今日事今日畢,二是每天進步一點點。這樣的目標一天兩天做到並不難,難的是一直堅持下去,形成一種習慣。每一天都認認真真地把所有的事情,本著「問目的,求結果」的原則去落實,你就會發現成功的路上並不擁擠。

今天,我仍然清楚記得 2016 年和 2017 年面試兩位創業夥伴的情景。

2016 年,我第二次創業之初,雖然已經開始拚命學習生態學、植物學、土壤學等各類專業知識,但是面對那一堆疊起來得有一公尺厚的專業書籍,就像站在山腳下面對一座高山,不知何年何月才能翻越過去。這一堆專業書籍哪怕是科班出身,有專業老師指導,在短時間內也無法掌握,更何況自己這樣一個門外漢,靠單打獨鬥?

況且創業之後,時間更加寶貴,每天都在花錢,自己什麼也不懂,怎麼能把事情做好、做成?一個好漢三個幫,最好還是找幾位專業人士幫助自己。於是,我就找到新加坡南洋環境與水源研究院的劉雨教授,請他幫忙推薦幾位環境相關科系的研究生。

劉雨教授不負所托,幫我推薦了三個研究生,兩男一女。當時我也跟他們坦白,告訴他們我是再次創業:「你們雖然剛畢業,但是我希望你們能成為我的創業夥伴。」後來,兩個男生都陸續離開公司了,只有劉珍妮

第二章　長路漫漫，上下求索　打造企業經營理念

一直堅守到現在。

劉珍妮大學畢業直接獲得了新加坡教育部的獎學金，就讀南洋理工大學環境工程碩士，碩士畢業後她的第一份工作就是在O2WORK，成為我的創業夥伴。對於一個八年級生的年輕人來說，實在是太難得了！因為O2WORK作為初創企業，萬事開頭難，不僅要一直加班，而且什麼事都得做，既是普通員工，又是清潔員，同時還得做監工，角色隨時要轉變，還得無縫銜接。

另一位是移居到新加坡的王峰才，他是註冊會計師，後來成立了自己的商務顧問公司，因為他的太太調到新加坡工作，孩子也要到新加坡讀書，他們一家人就飄洋過海。我是透過網路徵才認識他的，見面一看就知道他是個專業人士，性情溫和，說話慢條斯理，但是言簡意賅，表達很準確。我跟他說，我不是招工作的人，現在我剛剛開始第二次創業，正在尋找創業夥伴，如果你願意跟我每天加班，一起來做這件事情，那我是非常歡迎的。

王峰才說：「我們倆一看年紀差不多，你到了這個年紀還有二次創業的熱情，真的令我很感動。」他說自己也創過業，不過來新加坡至今也是運道不好，摸不到門道，正在一家餐廳做財務，如果能一起創業，自然是求之不得。於是王峰才就成了我的第二位創業夥伴。雖然我倆相識的時候都已經年屆不惑，但是朝著創業的目標時刻保持著工作的熱情，追夢者永遠青春。一直到今天，我們三個創始人每天都在加班，就連週六、週日都隨時在通訊軟體上面溝通工作內容。

而且，我們三人從創業之始就特別注重現場管理，事無大小，親力親為。O2WORK的第一個生態共享辦公空間開業之後，每間辦公室的桌椅

調整,都是我們自己搬來搬去。原本每個房間的布局,設計師都已經安排好了,比如說這個房間擺放五張桌子,另一個房間擺放八張桌子。但是等到裝修完工後,我們發現如果換一個擺放方法,就可以放六張桌子、九張桌子了,這在我們對第二個、第三個新空間的房間內部布局中一次又一次得到驗證。

我是在 2010 年接觸到了稻盛和夫、松下幸之助、豐田等日本企業家的現場管理哲學。他們普遍提到,你要會議室做什麼?開會是為了解決問題,而問題在哪裡?問題一定在現場,怎麼會在會議室!我非常推崇這些日本企業家的經營理念,可謂真知灼見。

我和兩位創業夥伴都把「日事日畢,日清日高」的信條作為基本的工作準則,並且以身作則,持之以恆去實行。「日事日畢,日清日高」是一家集團創始人提出來的管理口號,要求在工作中全面地對每人、每天所做的每件事進行控制和清理,並實現兩個目標:一是今日事今日畢,二是每天進步一點點。

我和每位同仁每週都有詳細的工作計畫。比如,下面是我們三個創始人日常基礎工作的一部分:

每天至少巡查一次所在空間的員工考勤,並全面檢查空間內的各項設施,包括但不限於:門口歡迎墊、地面、茶水間水槽、茶水間外立面、咖啡機、室內智慧生態系統、會議室、電話亭、廁所、植物架植物等,發現問題必須立即拍照向相關人員反應並及時處理。

早晨到達任一空間後檢查指導空間工作人員對室內智慧生態系統進行養護,使他們養成習慣,養護程序包括:噴水,水要前一天灌好,別扭緊噴頭,把自來水中的氯製劑釋放出去。修剪枯枝枯葉,發現緊靠根部的莖

第二章　長路漫漫，上下求索　打造企業經營理念

稈發黑或葉片出現斑點，要立即剪掉，且清洗剪刀和手。如果發現葉菜倒伏，要立即拍照通知研發繁育中心。

與每一位同仁、應徵者，因工作接觸到的所有人建立長期聯絡，透過一對一地發送日常問候和我們的宣傳資料，使他們成為我們的品牌宣傳員。

這些工作內容看似簡單，一般人一天、兩天做到並不難，但難的是一天天堅持下去。如果有一、兩天放鬆了，人性中的惰性被放出來，就會形成拖延症，導致惡性循環。作為管理者，如果自己都不能做到位，如何要求下屬。所謂「上有所好，下必甚之」，管理人員一鬆懈，員工有樣學樣，那麼公司就會成為一盤散沙。

光做基礎工作顯然還遠遠不夠，因為我們還要追求業務水準不斷提升，不僅要「日清」，還要「日高」。所以，我們的日常工作還包括：

動態最佳化完善公司的各項操作規程，動態比較分析各項業務資料，及時提出調整建議。

反覆學習「學習與思考」的內容及批注，結合具體工作思考，以期「洞察業態本質，掌握行業趨勢」，並動態最佳化、調整各項工作；每天把簡單的事情做好就是不簡單。劉珍妮剛加入公司時，我就對她說，你剛畢業，現在只是你的第一份工作，但是我可以向你承諾，如果你按照我要求的去做，三年、五年後你就會出類拔萃。等到三年的時候，她還問過我，說：「李總，我也沒把同學甩出三道街，五道街啊。」我說，你著急什麼，三年時間，放在以前剛剛學徒結束，來日方長。2022 年，在她畢業六年的時候，已經擔任 O2WORK 的 CEO 了，她的成就感油然而生。

我和兩位創業夥伴除了要以身作則做好本職工作外，我還要求他倆必

> 日事日畢，日清日高

須統籌安排自己和下屬的工作，切忌自己忙、下屬閒，等自己忙完了再督促下屬工作。日清是全員的責任，光你自己清了，下屬渾了也沒用。

除了管理層和下屬的週計畫外，我們要求工作的目標要細分到每一天，每一項服務具體到通路、人員、對接頻率，宣傳的方式、次數、費用。這樣到了一天工作結束之際就可以對照具體的目標總結反思，看有沒有完成當天的任務，有則加勉，無則改之。古人要求我們每天「三省吾身」，其實只要做到每天堅持「一省」，就可以超越絕大多數人了。

在這些年的創業歷程中，我有一個體會，其實很簡單的一些東西，大家卻往往不能夠堅持，比如說凡事問目的，求結果。大家一說這話，都覺得很有道理，但是大家真的能夠做到凡事想一想目的是什麼嗎？能夠凡事竭盡全力的去追求一個好的結果嗎？大部分人其實做不到。

成功的路上其實並不擁擠，關鍵是方向正確，堅持不懈。成功這件事根本就不難，難就難在我們大部分人不能夠把一些簡單的道理落到實處，比如日事日畢日清日高，多簡單的事情，但是有幾個人能做到？積跬步，致千里，難的不是一步兩步，而是一直不停地走下去。

所以，我常常對同事們說：成功的捷徑就是用最笨的辦法，做到日事日畢，日清日高。如果每一天都認認真真地把所有的工作，本著「問目的，求結果」的原則落到實處，一年、兩年、三年、五年，最多十年，你一定會成功！

第二章　長路漫漫，上下求索　打造企業經營理念

第三章
懷感恩回首過去，抱使命展望未來

推薦語

　　本書是難得的一部現時期的創業經商啟示錄，內容精實，值得品讀。著作者李瑞武是知名企業家，學研兼優，其將 30 餘年的經商創業心得和思考融於著作分享給社會。著作將不同時變與事變的應對做法見之字裡行間，審時度勢、察機乘志、經權達變，直擊經商要領，湛若指引。《陶朱公商經》中見微知著，「凡戰者，以正合，以奇勝」即是李瑞武先生的創新創業的思辨思想。真誠希望有更多的業界勤力者能從中獲益。

—— 齊奎森

智庫研究員

　　閱讀 Robert Li 先生的這本書讓我感受到他人生豐富的經歷，同時還有充滿挑戰和興奮的人生旅程。事實上，很多人在人生中，也是面臨各種危機和挑戰，但很少會有第二次創業故事。從 O2WORK 生態共享辦公空間到延伸創辦 SINGRASS ── 以近 30 種葉菜為主體，以擁有 11 項專利的室內智慧生態系統為載體，治理室內環境污染，獨創解決方案，打造綠色可永續室內環境，都展現一個「人類命運共同體」的概念。

—— 薛寶金

企業家

第三章　懷感恩回首過去，抱使命展望未來

　　讀李瑞武先生新作，宛如老友間促膝談心。他不僅分享了兩次創業的成功經驗，也敞開心扉坦誠新加坡二次創業前的種種困惑。新書一氣呵成，圍繞「室內環境 ESG」的成功創業，展示其格局視野、利他思維、家風傳承等深層次成功基因，值得所有創業逐夢者品讀借鑑。

── 奚俊芳副教授

某大學經管學院亞太中心首席代表

念親恩思處世根本，樹家風立創業基石

　　父母是我們人生成長歷程中最重要的老師，其一言一行，讓我們在耳濡目染中潛移默化。我的父母雖然不是什麼了不起的大人物，但是他們的言傳身教卻對我後來的處世和創業發揮了重要的影響。企業文化的傳承正如家風的傳承一樣，都具有非常重要的意義，家風正，則家庭正，家族旺；企業文化正，則企業正，公司興盛。

守正篤實，庭訓存心

　　我記事的時候，母親就跟我說：「你以後肯定在家裡待不住，你是要出去闖蕩的。但是，你又是個顧家的人。」聽起來有點矛盾，當時也未曾細想是什麼意思。現在回想起來，這句話似乎預言了我的人生之路。

　　父親是醫生，母親也學過一些簡單的醫護。在 1960 年代鬧災荒的時候，父母就帶著我大哥從城市回到老家農村了。那時候城裡人吃飽飯都困難，村裡有田可種，種了田就有飯吃。

　　我比較幸運，出生時饑荒已經過去，但是小時候的生活環境還是很艱

> 念親恩思處世根本，樹家風立創業基石

苦。記憶當中，雖然沒有挨過餓，但食物很單調，幾乎沒有副食，一年只有中秋節和春節可以吃到肉。也沒什麼喝的，渴了就喝水缸裡的井水。

一位企業創始人回憶小時候家裡飯菜都是分餐「定量」的，如果不這樣，大孩子就會多吃，小孩子就得餓死。實行分餐後雖然每個人都要挨餓，但起碼大家都能活下來。我小時候雖然情況已經有所好轉，沒有那麼困難，也不用分餐，但童年的困難和父母的艱辛還是歷歷在目。每逢夏季，父親經常騎著他的錳鋼加重腳踏車，載著一大麻袋西瓜，在鄉間坑坑窪窪的土路上騎行十多公里。到家了，趕緊切開西瓜看著我們兄弟四個狼吞虎嚥地吃，他和母親在旁邊欣慰地笑。

現在新一代的年輕人也開始控制飲食了，目的是為了減肥，也實行分餐了，目的是為了健康，避免傳播疾病，但這跟老一輩的經歷已經有本質的差別。艱苦歲月中的大家庭可以磨練一個人的群體精神，而現在的年輕人很多都是獨生子女，從小到大獨享玩具、獨享親情，所以在群體精神或者說團隊精神上，比起前輩們是先天不足的，更需要後天去鍛鍊。

我父親是在鄉鎮衛生所當醫生，鄉下的醫療環境非常差，可以說一窮二白，醫療人員和醫療設備緊缺，各類專科醫生更是根本沒有，這逼得我父親不得不成為全能型醫生。當時，我父親一方面在大醫院接受培訓，一方面堅持自學，記得他學中醫針灸的時候，就在自己身上找穴位，練針感。

我上小學的時候，家裡養了一隻大黃狗，還有幾隻大鵝。如果晚上有人找父親，那肯定是情況緊急，病人熬不過，每次父親都是趕緊出診。我記得每次父親出門，又是狗叫，又是鵝叫，我們全家人都得被吵醒。所以，我從小就從父親身上感受到了那種急患者所急的精神。我上國中一年

第三章　懷感恩回首過去，抱使命展望未來

級的時候，參加作文比賽，寫了一篇〈我的父親〉，講述了這些故事，還得了一等獎，父親非常開心。

後來，父親成了我們家鄉那一帶的名醫，方圓百八十里的鄉親們都知道他。我國中放假時，常跟著父親去出診，他騎腳踏車載著我，路上總是跟我講他學醫的故事，教我背誦穴位歌訣。這段隨診的經歷中，我沾過的最大的光是在患者家裡吃一碗荷包蛋麵疙瘩，那種幸福的感覺我至今難以忘懷。那時候患者和家屬對我父親都特別尊敬，因為在他們眼裡，父親什麼病都能治，兒科、內科、外科都懂，中醫、西醫兼通。

父親非常好學，學習時自己會寫一些筆記，還專門收集整理了很多民間的驗方。我現在都記得，有一個偏方是專門治年輕人不孕不育的，據說療效特別好。最值得一提的是，父親掌握了當時最新的靜電針灸治療技術，用這個方法治好了很多中風偏癱的病人。日後他自己腦出血後的康復過程中，也是用了這種治療方法。我常跟我弟弟說，爸爸救死扶傷，功德無量，我們才有這樣的福報，能夠做點小生意，賺點小錢，千萬不要以為是自己的本事大。

我父親卸任鄉衛生所所長之後，就自己在家開了一個小診所，定的藥價低得不能再低。那時我已經到城市讀書了，偶爾傷風感冒也會去診所看病買藥，發現在城裡看個病買個藥真的好貴。回去我就跟父親說，您快到城裡開診所吧，您這麼好的醫術，在老家就收這點診費藥費。能賺幾個錢？

父親聽了很生氣，把我狠狠訓了一頓，他說：「治病救人還想發財，你想什麼你！」古人說：「不為良相，即為良醫。」意思是說人的一生，不管地位高低，都應該努力做一個濟世利民的人。父親樸素的思想裡也許沒

念親恩思處世根本，樹家風立創業基石

有「濟世」這麼高深的詞彙，但他卻用自己的行動實踐了「利他」精神。

上小學後，我漸漸意識到父親是名醫，是鄉衛生所的所長，在我們那個小地方也算是個了不起的人物了。再加上我大哥和二哥已經長得人高馬大，於是，我在學校就有恃無恐了。

當時學校周圍有很多農田，我拿著削鉛筆刀把田裡的蓖麻切成一節一節的，弄成管子，又跑到綠豆田裡頭，把人家快熟的綠豆裝到口袋裡，然後把綠豆含在嘴裡，用蓖麻管子往女同學臉上噴。成熟的綠豆很硬，打到臉上還是挺痛的。老師可能礙於父親的面子，也不好管我。後來好像是村長去找父親告狀，說我破壞農田。父親氣壞了，等我放學回家，一邊訓斥我，一邊就要揍我。我見勢不妙撒腿就跑，父親騎著腳踏車在後面追，嚇得我跑到阿姨家躲了兩、三天，最後還是我姨丈把我送回家的。

現在回想起來，可能父親當時也不是真的要打我。因為我在兄弟四個裡邊是最愛念書的，每當父親問我們選讀書還是選工作，我肯定是選讀書，但是同樣的問題問我二哥，他肯定是選工作。父親對我的好學引以自豪，盼望著我好好念書，將來能夠出人頭地，因此也就特別寵愛我。所以當時可能也就是故意嚇唬嚇唬我，壓根就沒想把我追上，但我是真的嚇壞了。

小時候父親常跟我說，不要太過注重衣著打扮，穿上龍袍別人只會認你是戲子，沒人會把你當成皇帝。這個話，我真的是記一輩子，既形象生動，又寓意深刻。我在城裡讀書時，只添購了一身運動服和一件羽絨外套。畢業後才知道，同學們當時都覺得我家的經濟十分困難。

我創業做鋼材貿易後，許多當老闆的朋友問我，你的衣服什麼牌子，多少錢買的？我一說對方就笑了：「你這也太摳了，太土了！這些衣服配

不上你，有損老闆的形象，你現在的身分不能隨便穿戴！」說著，向我一一列舉眼鏡、腰帶、西裝、皮鞋、手錶都得是什麼牌子，多少錢以上。我聽了，笑道：「我現在跟以前比已經奢侈多了，用得著這樣嗎？李嘉誠不也就戴塊石英錶嗎？」

父親是在我第一次創業剛剛三年的時候去世的。那是 1999 年元宵節的晚上，我正在外地出差，突然接到二哥的電話，他語氣悲切地告訴我說：「爸爸走了。」雖然父親因為腦中風已經臥床八年，但那一瞬間我仍然淚流滿面。

「樹欲靜而風不息，子欲養而親不待。」至今，我仍常常想起父親的教導，一直覺得他從未遠去。每當碰到困難的時候，我還會在心裡默念：爸爸，我一定會繼續努力的！

孝以傳家，仁以待人

小學畢業後，我就去鄉裡的一所國中讀書了，一開始是通勤的，因為學校離家不遠，但當時沒有腳踏車，需要徒步約三公里。我記得每天早晨，母親 5 點多就要起來替我做飯，我吃了飯就揹著書包去上學了。母親的辛苦，我看在眼裡，記在心裡。後來母親擔心我每天來回上下學的安全，就安排我住在一位親戚家，每逢週末再回家。

記得有一次，早上剛剛下過大雨，我穿著雨衣走在泥濘的土路上。地裡的蚯蚓都爬出來了，土路上到處爬的是紅紅、長長的蚯蚓，不計其數，令人怵目驚心，後來我再沒見過那麼大的蚯蚓。蚯蚓是土壤品質的一個指示物，現在因為農藥殺蟲劑的使用，蚯蚓的數量銳減，綠地中、耕地中，包括其他野外的一些蚯蚓都不多了，那種場景猜想很難再現了。

> 念親恩思處世根本，樹家風立創業基石

等上了高中，我就住校了，高中畢業後進城裡讀書。從學校出來後工作了幾年，穩定了一段時間就轉行做起了業務，開始頻繁出差，後來辭職創業，更是四處奔波，回家的次數越來越少，真的應驗了母親的話。

上班後，我存了幾個月的薪水，買了黃金首飾給母親，包括項鍊和戒指，但沒有手鐲，因為手鐲太貴了，實在買不起。我成家後，我太太就負責經常幫母親買一些當季水果，每年換季和春節買新衣服，也會買一些首飾。

我在家裡排行老三，家裡兄弟四個，有兩個哥哥，還有一個弟弟。我的幾位親戚有時候會替我抱不平，說：「瑞武，怎麼都是你在幫你父母買這買那，你的大哥、二哥為什麼就不能有所表示，論排行是他們在長，要盡孝也是該他們先做，他們又不是沒有能力。」

說來也奇怪，我自己從來沒有往這方面想過，總覺得自己上班賺錢了，就是要對父母、對家裡出錢出力，這是天經地義的事情。親戚問我之後，我才認真思考了這個問題，跟他們解釋：對於我們的父母來說，他們有四個孩子，他們對子女的愛只能分享。但對於我們兄弟每一個人而言卻只有一對父母，我們每個人對父母的愛不能想著分攤。因為不管是我自己也好，兄弟也好，父母都是唯一的。而且孝順的定義也不全是出錢，父母更需要的是陪伴。雖然物質方面都由我承擔了，但是大哥、二哥在其他方面也有出力。

我認為，家裡邊是講情的地方，不是講理的地方。我和親戚說大哥、二哥有他們的處境，有他們的想法，在家裡邊，只能講情，不能講理，如果講理，最後只能傷了和氣，不僅父母會傷心，兄弟之間也會變得世故起來。

第三章　懷感恩回首過去，抱使命展望未來

　　社會經歷從農耕文明向工商業文明轉型的過程，農耕文明以血緣為紐帶，工商業文明以利益、資本為紐帶、但是人與人之間的情感連接點，還是血脈、親情、友誼、信任等，這是做人的根本。我們不能把商業思維引到家庭倫理當中，這兩者的關係有點像儒家的「義利之辨」。家庭關係重的是情義，而商業思維重的是利益。有利益必有競爭，但是一個家裡邊，兄弟之間怎麼競爭？父母又沒有皇位傳給我們，為了一些不重要的事情兄弟鬩於牆，只會淪為別人的笑柄。

　　即使是西方，在他們的商業活動當中，為什麼一個人和另一個人能合作，為什麼一家企業和另一家企業能合作，背後的邏輯還是相互信任。當然商業上的信任不能僅僅依靠感情來支撐，還需要人品、能力等多方面的考量。

　　在市場當中免不了跟其他的企業競爭，人家不會因為你這個人很孝順就不跟你競爭。但人家如果發現你這個人連孝順自己的父母都要計較，連自己的兄弟姐妹都要算計，那他們又怎麼敢相信你？又怎麼敢放心和你合作？企業歸根到底還是由人構成的，所以家庭和企業在很多方面是相通的。

　　孝順是傳統美德，可惜在現實生活中，拋棄傳統的現象卻比比皆是。就拿我的父輩來說，我父親那一輩也是兄弟四個，我爸排行老二。然而從我記事起，我大伯、三叔、四叔他們仨對我爺爺奶奶就是不管不問，哪怕兩位老人都因為高血壓而中風癱瘓在床。

　　幸好還有我的父親。而且我的父親是醫生，也懂得如何照料二老。但也正因為父親是醫生，他經常要到臨近的村裡出診，平時特別忙。所以父親去照料二老的時候，就讓我大哥、二哥跟著，要他倆學著照顧爺爺奶

奶。母親身體不好,但她學過護理,我至今記得母親自己幫自己做臀部肌肉注射。所以,母親也會教我大哥、二哥一些護理方面的知識,讓他倆幫著伺候我爺爺奶奶。

我們常常講言傳身教,其實身教更勝於言傳。自己孝順父母,同時也是在為後輩做榜樣。否則,一個人學壞比學好容易,壞榜樣的代際傳遞是非常容易的。果然,到了我父親這一輩,我大伯也好,我三叔也好,我四叔也好,他們的子女都不大孝順他們。

讓我感到自豪的是,我們家兄弟四個對父母的孝順不管是在親戚當中,還是鄰里當中,都是有口皆碑的。雖然我出錢多一點,但是他們也都有出錢出力。大家都說母親有福氣,雖然沒有女兒,但這四個兒子都像女兒一樣,有的陪著她買衣服,還有的幫她洗頭剪指甲。

母親沒讀多少書,她身體一直不好,還生了五個孩子(我有個姐姐,但是夭折了),更傷元氣。父親每天出診行醫相當忙,母親就挺著病弱之軀,一直把我們四個都拉拔大,雖然她不會說那些教育孩子的大道理,但是母親善良、熱情、樂意給別人協助,這對我的影響非常大。

在我小時候,有一個鄰居,住在我家旁邊一個院子裡頭,老人家住一個很小的房子,二兒子一家住一個很大的房子。老人的大兒子一直在外地工作,二兒媳婦埋怨大兒子不照顧父母,所以他們也不願意照顧老人。

看老人家可憐,母親就要我哥幫忙老人家做些重活,逢年過節向老人家送點吃的,老人家為此很感動。所以她早晨起來,盥洗完吃點東西,沒事就往我們家跑。我們家四個孩子先是上學,後來又都工作在外,老人家就一直陪伴我媽,幫我媽做點家務什麼的,一直到我把父母接到城裡住。

真的,人跟人的相處就是將心比心,你樂意幫助別人,別人才會願意

第三章　懷感恩回首過去，抱使命展望未來

幫助你。你主動幫助更多的人，才有更多的人反過來幫助你，而不是等著別人幫你了，你才幫助別人。許多人在這方面不願意主動，總等別人幫他，然後他還不一定願意回報別人，也有人總抱怨他幫了別人，但是得不到回報。我覺得這都是一種不健康的心理表現。

父母年邁以後，最需要的還是子女的陪伴。遺憾的是，我自己在陪伴父母這方面真的做得不夠。自從我第一次創業開始，就一直在外奔波忙碌，和父母聚少離多。特別是2011年又來了新加坡，離家萬里，歸期不定。難得回家一趟，每次臨別之際，母親和我的岳父岳母都是眼淚汪汪，依依難捨。

2016年，我在新加坡又開始了第二次創業，越來越忙，回老家的機會也越來越少，尤其新冠疫情三年多，國門關閉，只能望洋興嘆。每次跟母親視訊的時候，她來回就只是那幾句，一個個叫著名字，說這個挺好的，那個也挺好的，末了加上一句：「想你們了，什麼時候回來？」最真摯的感情往往就是這樣，藏在最樸實的話語裡頭。

每次我們問她身體怎麼樣，她總是說，我這都老毛病了，沒事，反正一直就是老樣子，你們回來，看看你們，我就有精神了。我媽本身肺部就不好，最後還是沒躲過新冠這一劫。

遺憾的是，因為相隔重洋，我沒有見到母親最後一面，也未能臨喪一哭，只能由我的哥哥弟弟們操辦了後事。每次一想起這件事我就有一種想哭的感覺，一閒下來的時候，我就對著天空，心裡頭默念：「媽媽，對不起你，想你！」

▍為何付出一定會有回報？

我一直堅信「付出總有回報」這句話，這在我的人生經歷中也得到了驗證。但這種回報不是大多數人所理解的那種很快兌現的金錢方面的回報或者物質方面的回饋，而是一種人與人之間的良性互動。你對別人的付出一定會換來別人對你的信任，信任你的人多了，願意幫助你的人自然也就多了，你的人脈資源日積月累，就成了未來你事業成功的重要保證。

前面說了，我家兄弟四個在孝順父母方面，主要都是我在出錢，這不是因為我創業賺到了錢，在我剛剛上班，每月的薪資不太多的時候已經是這樣了。但我從來沒有覺得這有什麼不正常，或者心裡不平衡。後來我自然而然也把這種思維帶入工作當中，不敢說日行一善，但至少做到了與人為善，自己的人生道路也因此越走越寬。

我剛進入社會那時，大廈的清潔人員只負責走廊、廁所等公共區域的清潔，各個公司各個科室辦公室的環境清潔工作都是科室的員工自己負責，當然習慣上是女性員工輪流來負責，正如家裡的家務一般是女性負責一樣。

但是我覺得自己單身一人，無家一身輕，而且宿舍離辦公室又很近，就決定義務承擔這項工作。那時早上起來要拿著熱水壺去打開水，我就順便把辦公室的環境打掃了。後來，我的同班同學賈玲也加入進來，我倆一做就是三年。

按照一般人的思維，肯定想辦公室那麼多人，大家都在這裡辦公，憑什麼這事就得我們兩個新人做？但我當時沒有想這麼多，就像我沒有想為什麼父母要我一個人撫養一樣，就覺得既然我在這個辦公室上班，那麼它對我就是唯一的，我有必要讓它保持整潔衛生。

第三章　懷感恩回首過去，抱使命展望未來

　　只有秉持這樣的理念，在群體當中別人才會逐漸的認同你。不然的話，你總是跟別人在大事小事上斤斤計較，無論在家庭、公司、社會上任何一個群體當中，都是招人討厭的。也許這就是傳統文化中「吃虧是福」理念的一個展現。

　　我在創業之後也經常會向同事們分享一些個人心得。我說，付出就有回報，這句話對嗎？當然對！但是有些人卻總覺得付出沒有得到回報，或者其實他也沒付出什麼，只是舉手之勞，就覺得吃虧。

　　為什麼會總覺得自己吃虧呢？這是對「付出總有回報」這句話沒有理解透澈。付出一定是有回報的，但是回報不是馬上就會轉化為現實的金錢的回報。我們大多數人總是存在太過急功近利的思想，導致做個什麼事情馬上就想得到金錢方面的回報，這是一種短視的思想。正所謂「風物長宜放眼量」，我們要把眼光放長遠一些，也許你所得到的會遠遠超過原來預期的。

　　比如說，你幫助了別人，那你得到的回報是什麼？得到的是別人對你的感激或者認同，進而逐漸對你產生一種信任感。錢是有價的、有數的，而信任是無價的。一個人之所以能夠成功，就是因為信任他的人多，而且這些人對他的信任程度高。如果信任他的人有資源、有能力，那他就會得到貴人相助。

　　這也許就是俗話說的「和氣生財」的真正含義。和氣生財，絕不是說你對人和和氣氣，客客氣氣，有禮貌就能生財，這只是做人基本的禮儀素養。所謂「和」是指和諧、融洽，所謂「氣」是指氣氛、氛圍，也就是說，只有在和諧的人際關係氛圍中我們才能創造財富。而和諧的本質其實就是信任，信任的基礎是好感，好感的基礎是你對別人的付出。

> 為何付出一定會有回報？

　　所謂的政治家就是追隨他的信徒很多，振臂一呼，應者雲集。對於企業家來說，就是你內部的員工、上游供應商、下游客戶、金融機構、第三方服務機構等信任你，而且信任程度很高，這樣你就能左右逢源，八面來風。

　　古人講：「欲治其國者，先齊其家；欲其齊家者，先修其身。欲修其身者，先正其心；欲正其心者，先誠其意。」哪怕是治國平天下，也要從修身開始，修身的基礎是「正心」，也就是端正自己的內心，而「正心」的基礎又是「誠意」，也就是態度誠懇。你對人態度誠懇，久而久之，人家自然會感受到你的誠意，那麼一步步逆推過去，你甚至能夠治理一個國家。

　　也許這個目標太過遙遠，但短期內也可以達到「修身」的目的，讓你得以提升自己的素養。正如我打掃辦公室雖然沒有額外的收入，但是從中卻悟出了不少深刻的道理。

　　打掃辦公室這件事看起來很簡單，其實要把它真正做好並不容易，這裡邊的門道很多。比如擦桌子、掃地、拖地，這幾件事情的順序到底如何安排？看似差別不大，實則影響到做事的績效。

　　正確的順序是什麼？首先，把桌子上面的菸灰、紙屑等雜物大致清理到地面，然後再用掃帚畚箕掃地。掃地也是有技巧的，比如從屋裡面往外面掃，從角落往中間掃，這樣不容易留下死角，掃時用力要適度，掃帚盡量貼近地面，因為打掃的主要是一些雜物、碎屑，過分用力不僅浪費力氣，還會造成塵土飛揚。掃完地後，第三步才是拖地，用拖布拖兩遍。第一遍拖布要溼一些，因為地面上可能有一些茶漬等汙跡，溼點才能將其徹底清除掉。第二遍就要用乾一些的拖布，不然的話，剛才溼布拖過的地面

第三章　懷感恩回首過去，抱使命展望未來

可能打滑，等下同事來上班會留下安全隱患。

　　拖完地面以後，最後一道程序才是擦桌子。因為你在掃地的時候，可能有灰塵揚起來，桌面上又落了灰塵，所以擦桌子最好壓軸進行。在擦桌子這件事上，讓我印象最深刻的是，我們辦公室有一個負責人，平時菸癮很大，整個菸灰缸塞得滿滿的。而且菸蒂插上去以後，有時候沒有熄滅，就在那裡冒煙，辦公室裡的女同事沒少因為這事喝斥他。這麼個抽法，不僅辦公室的空氣被汙染了，就連那個菸灰缸也深受荼毒，那些煙油什麼的，黑黑的都沉積到玻璃菸灰缸的壁上了。

　　於是，這位負責人的菸灰缸就成了我每天清掃辦公室最大的痛點，那麼如何解決這個痛點呢？關鍵就是解決菸蒂插上去繼續冒煙以及煙油黏在玻璃缸壁的難題。有一次我費了九牛二虎之力，終於徹底地把這個菸灰缸清洗得乾乾淨淨。也許就是這種成就感激發了我的靈感，我發現在菸灰缸的底部放一層薄薄的水，這樣的話，菸頭進去很快就熄滅了，而且有了這層水的阻隔，煙油也只會漂在水裡，不會沉積到菸灰缸的內壁上。

　　後來工作職位調整，我開始做業務。經常要出差。有一次，跟公司的總經理去了一個五星級飯店，那時候五星級飯店非常稀缺，一般人進去了難免帶點「劉姥姥進大觀園」的心態，到處打量，帶著崇拜的眼光審視這裡的一切。

　　就在飯店的大廳，我突然眼前一亮，看到了一個菸灰缸。倒不是這個菸灰缸材料多麼上等或者做工多麼精緻，而是我發現這個菸灰缸底下就是放了淺淺的一層水和一塊紙巾，和我的做法如出一轍。發現了這個現象，我別提多興奮了，那成就感像一張拉滿的弓一樣，就要發射出去。原來我在辦公室發明的這個清洗菸灰缸的方法，竟然連五星級飯店都在用。

> 為何付出一定會有回報？

　　這其實就是細節決定成敗。當你日常工作當中一直關注所有事情的細節，對細節的處理精益求精，養成這種習慣之後，可以觸類旁通，很容易了解掌握新的產品、新的業務，久而久之，也就能決定事情的成敗了。

　　而且如果不是我日復一日去打掃辦公室環境，同事們也不可能很快地對我這樣一個初來乍到的年輕人建立一種好感，進而建立一種信任，這其實就是回報。後來我創業的時候，我們科裡的同事滿姨把自己的存款十萬元借給我，這就是驗證。十萬元，放在今天或許不值一提，但是當時可是一筆鉅款，甚至是一個家庭一輩子的積蓄。如果不是對我絕對的信任，相信她不敢把這錢借給我。

　　從家裡邊父母的贍養問題，到工作中的這種義務付出，我一直虔誠地相信「付出總有回報」這句話一定是成立的。但是我們現在這個浮躁的急功近利的社會，大家一舉一動、一言一行都想得到現實的回報，這其實是世風日下的一個表現，或者說缺乏遠見的想法和做法。一個人在社會上是離不開群體的，無論做什麼，首先得獲得群體成員對你的信任，而最容易獲得大家信任的做法，就是你平時多做一些力所能及的事情，利人利己。

　　現代社會越來越講究分工，分工可以提高效率，但是太精細化的分工反而會降低效率。所謂「一個和尚挑水喝，兩個和尚抬水喝，三個和尚沒水喝」說的就是這個道理，分工雖然明確了，但是缺乏有效配合，再加上人性中的利己主義思想，互相推諉，導致合作程度低，工作陷入混亂甚至停頓。所以分工是為了更好的合作，而不是要分得清清楚楚，井水不犯河水。

第三章　懷感恩回首過去，抱使命展望未來

華商精神，閃耀南洋

不知不覺間，我來到新加坡已經十二載。十二年間，我接觸、結識、交流過許多優秀的華商同學、朋友，還有更多優秀的華商雖未謀面，心嚮往之。南洋華商卓越的商業才能以及為人處世的風範讓我深深感覺到哲人不遠、典型多在，華商精神也一直激勵著我在第二次創業的道路上深自砥礪，奮行不輟。為此，特撰此文，以表敬意。

大哉華商，澤被蒼生

2023年3月，我在新加坡現代企業管理協會旗下每月一次的「總裁書香軒」讀書分享會上，導讀了一家玻璃集團創始人、董事長曹德旺先生的自傳《心若菩提》。

《心若菩提》語句樸實，寓意深刻，值得我們反覆精讀。在自序中，曹德旺引用了母親的話：「窮不可怕，最怕的是沒志氣。要擺脫貧窮，只有靠你自己的努力和打拚。」曹德旺沒有辜負母親的教導，小時候他由於家道中落，14歲便輟學回家放牛，22歲新婚妻子賣掉嫁妝讓他做一些小生意，期間起起伏伏。1976年，30歲的曹德旺進入一家玻璃廠當業務員，七年後他不顧家人反對，借錢承包了這家永續虧損的玻璃廠。從此，曹德旺一生始終堅持只做好一件事，把快破產的玻璃廠做到世界第一，將玻璃業帶向國際。因為有他的存在，汽車玻璃進口的比例幾乎為零，他也贏得了「玻璃大王」的聲譽。

富裕起來的曹德旺「達則兼濟天下」，他認為一個真正的企業家必須有這樣的境界和胸懷──國家因為有你而強大，社會因為有你而進步，人們因為有你而富足。曹德旺的身家雖然遠遠稱不上首富，但他卻享有

「首善」的名譽。2011年5月，曹德旺用父親的名字，成立慈善基金會，捐出名下50%的玻璃公司股份。2021年5月他又豪捐數百億，在家鄉創立科技大學，以期為社會培養更多製造業人才。

讀完曹德旺先生的故事，我對老一輩企業家身上那種實幹精神和濟世情懷有了更加深刻的認知。當然，這種精神和情懷，在海外許多華人企業家身上同樣可以看到其鮮明的印記。當天讀書分享會下面坐著我在新加坡國立大學讀EMBA時的老同學江培生，我就以他為例，說：「我從今天在場的新國大老同學江培生身上深刻體會到了南洋華商的勤勉、謙遜、善良和執著，南洋華商的精神應該發揚光大！」

江培生本是學電腦工程出身的，1995年，他和中學同學盧裕波每人湊了3,000元購買了一臺豆漿機，在牛車水珍珠大廈熟食中心小攤上賣起了豆漿。其後創辦了新加坡著名品牌「Mr Bean」，靠著一杯杯價格低廉的豆漿，不僅在本土開設多達70間分店，甚至把業務擴充至海外。更讓我佩服的是，2017年，已經功成名就的江培生在賣掉「Mr Bean」股權後，拿下了「貢茶」新加坡特許經營權，開啟了二次創業之旅，一口氣開出超過20家分店，在新加坡的奶茶市場叱吒風雲。我和他是老同學，前後兩次創業的時間點也相近，因此頗有共鳴。

富起來之後，江培生不忘回饋社會，幾十年如一日致力於慈善和公益，曾任「慈園民眾俱樂部」主席，幫扶弱勢族群。2009年他策劃了「微笑行動」慈善計畫，幫助落後國家的兔唇小孩得到手術治療的機會。「貢茶」還和布朗恩教授餐廳合作，幫助智力或者聽力障礙的人士。

2020年，新加坡疫情阻斷期間，在奶茶售賣也被叫停的情況下，江培生仍然多次帶領屬下團隊慰問外籍勞工。他親自煮茶，將一杯杯貢茶免

第三章　懷感恩回首過去，抱使命展望未來

費送到外勞宿舍的外籍勞工手中，不僅溫暖了他們的腸胃，也溫暖了他們的心。

我來到新加坡已經十二年，正是從江培生這樣的優秀華商身上，感受到了種種卓越的品格，他山之石可以攻錯，不斷以此來督促和磨礪自己進步。這些卓越的品格包括但不限於以下幾點：

▶ 勤奮務實

幾千年的農耕文明鍛造了我們血液中流淌的勤奮因子，即使飄洋過海也未曾泯滅。很多遊客初來乍到新加坡，看到一些白髮蒼蒼的老人在餐廳裡端盤子或者機場當清潔人員，總以為新加坡老人處境悲慘。其實他們不知，這一現象的背後固然有人口高齡化的問題，但新加坡的文化背景同樣不可忽視。

即使是和以勤奮而著稱的東亞文化區相比，新加坡人的勤奮程度也是領先的。新加坡不僅在服務行業有銀髮工作者，就連很多老闆也是活到老做到老的。有「新加坡船王」之稱的太平船務創辦人張允中到 2020 年已經 102 歲了，在新加坡新冠病毒疫情阻斷措施放寬後仍堅持要司機送他去公司上班，而這個時候距離他去世已經不到一百天了。

更難得的是，很多新加坡企業家哪怕家財億萬，凡事仍然親力親為，自己開車，自己列印，安之如素。反觀他國一些富豪，有錢之後就開始養尊處優，以脫離體力勞動為榮，事事指使下屬去做。相比之下，新加坡華商的務實精神顯然更值得稱道，不忘初心，方得始終。

勤奮務實正是新加坡這樣一個小國在大國夾縫中生存和發展的哲學，也是新加坡華商在國際風雲變幻、自然資源匱乏、多元種族的環境中能夠基業長青的保證。

▶ 國際視野

馬雲回顧自己的創業史時,曾說:「其實我最早的創業思想是來自新加坡。那個時候是 1998 年年底,我第一次到新加坡來,參加一個論壇,那個時候在這裡有了一個創業的想法。」那個論壇的題目是「E-Commerce In Asia」(亞洲的電子商務),但是馬雲發現主講者八、九成是來自亞洲以外,列舉的網際網路案例也都不是在亞洲,他敏銳地發現了「這裡有問題」,於是有了創業的想法。

可以說,正是新加坡的全球視野啟迪了馬雲,激發了他的創業慾望。新加坡的 TDF 基金就是阿里巴巴當年最早的投資者之一,後來在退出阿里巴巴股份時得到了 100 倍的投資報酬。

2012 年,我自信滿滿地來到自認為比較落後一些的東南亞國家推廣自己的「國際化」。沒想到,結果是發現我們的國際化比他們晚了幾十年。我在印尼雅加達看到 1989 年建成的大型商業中心裡的大型室內兒童遊樂場,我傻眼了;我見到了一位可以講流利的中文、會寫漢字,去過大大小小的每一個鋼鐵廠的翁先生,我傻眼了;我還見到了一位不會說中文的 50 歲的印尼華人,他說在澳洲讀了大學,子承父業做鋼鐵貿易,我傻眼了。

於是,我從來東南亞推廣國際化變成學習國際化。新加坡扼守馬六甲海峽的咽喉,以港口和貿易立國,此為天然優勢;然而,國土不大,內需太小,此為天然劣勢。這兩重因素注定了新加坡的商業只能努力向外,融入世界的潮流中,因此塑造了新加坡商人領先世界的國際視野。

▶ 多元思維

每年的新年獻詞,李顯龍總理會用英語、華語、馬來語三種語言輪流發言,喝一口水換一種語言,銜接自如,讓一些螢幕前的聽眾懷疑這水是

不是有魔力。其實，李總理以前還學過俄文，那時還處於美蘇爭霸的冷戰時期，雖然後來沒有派上用場，但他表示不後悔，因為多了一種看世界的方法。而且語言其實是一個民族的文化和思維，學會了這個民族的語言，才能深入其文化，了解其思維。

東南亞有很多優秀的商人，他們精通多種語言，讓我由衷佩服，感到古風猶存。古代的商人沒有翻譯，遊走於各地貿易只能自己苦學當地語言，就連現在歐洲各國普遍使用的字母也是地中海沿岸的腓尼基人為了溝通方便發明的。如今很多人覺得翻譯軟體越來越智慧化，學好外語意義不大，其實不然。美國矽谷的印度CEO非常多，華人CEO卻非常少見，有人分析，語言是其中一個重要原因。印度人以英語為官方語言，而華人的英語從小是用來應付考試的，哪怕學得再好，在表情達意方面也比不上印度人。

多元語言實際上展現的是多元文化，新加坡是「多元文化的實驗室」，在多種族聚居的環境中，培養了新加坡商人的跨文化交流能力，必要時還能夠將之變現為商機。比如，「Mr Bean」針對各族群的口味研發新產品。結合馬來族喜歡的Banddung，推出針對馬來裔顧客的玫瑰珍珠豆漿，以印度族最愛的甜品chendol為創意，推出針對印度裔顧客的珍露豆漿。

更重要的是，多元思維也是一種包容思維。新加坡人口僅僅幾百萬，優秀人才有限，但是可以吸收全世界的優秀人才為我所用。新加坡在國際上招納人才，不管身分如何，只要是真正的人才，就會吸收。唯才是用，不僅在政界、學界如此，在商界也是如此，正所謂「海納百川，有容則大」。

▶ 誠信守法

很多人到新加坡幫忙帶孫子，回國後逛菜市場和超市常會感到不適應。因為在新加坡，他們去小販中心買蔬菜水果，對方都是把好的東西賣給他們，如果在裝袋的過程中有壞的、有瑕疵的，反正商販自己感覺不滿意的，都會主動拿出來，不會耍什麼心眼，更不會趁你不注意，短斤少兩或以次充好。東西的好和壞，賣方都會如實地告訴你，不忌諱說真話，不擔心你因此走人。這種古道熱腸的現象，在其他很多國家已經消失了。

小商小販覺悟都這麼高，可見新加坡商界誠信經營的意識已經成為普遍價值觀。誠信經營對應的就是遵紀守法，不少人認為，嚴格的法治和深厚的法治信仰，是新加坡不同於傳統華人社會的最大特徵。契約文化、合約文化、法治文化代替了傳統華人社會的關係文化、面子文化、人情文化，使得整個社會的互信度相當高，人與人之間的關係相對簡單，大大降低了經商成本，提高了經商效率。

所以，在新加坡投機取巧是沒有什麼市場的。曹德旺最引以為豪的事情之一就是他從商幾十年，從來沒有向人送過禮，沒有拉關係，這在某些國家算得上出淤泥而不染。而在新加坡，卻是正常不過的事情，沒有人會感到奇怪。

▶ 濟世情懷

老一代的南洋華商普遍深受儒家思想的浸染，他們尊奉儒學思想的「義利」觀念，既注重物質層面的「利」，又兼顧精神層面的「義」，以「義利」雙收為最高境界。他們從事商業活動的最終目的並不單純是為了追求經濟利益，而是以強國富民、奉獻於社會為己任，他們的企業家精神是儒家道德與社會責任結合的典範。我們相當熟悉的陳嘉庚、李光前、胡文

虎、郭鶴年等人皆是如此。

東南亞很多華人家族的慈善接力棒已經交到了第二代、第三代，甚至第四代的手中。這些二代、三代從小接受良好的西式教育，相對於老一輩只懂得捐錢捐物，他們在慈善方式上也更加精緻，擅長專業化的管理運作，藉助各種合作途徑推進慈善工作。然而，與老一輩相比，他們在「同理」意識上卻大為不如。

曹德旺說自己為什麼熱衷慈善：「因為我是窮人出身，知道窮人的苦。」富二代、富三代們從小家境優渥，很難產生這種與底層的同理，而這恰恰是慈善最大的動力。因此，老一輩要培養好慈善事業的接班人，還得從小增加後輩的生活體驗。有條件的話，最好讓後輩從底層磨練起。事實上，很多優秀的企業家就是這麼做的。

傳承文化，造福社會

我在讀書分享會上也提出了企業傳承的問題，因為不管是我個人的耳聞目睹，還是專程的調查，都驗證了很多華人家族企業在代際傳承上面臨困局。

我看過一個影片，內容是一個父親指著一個乞丐教育自己的孩子好好讀書。大家可能會想當然地以為他會對自己的孩子說，你要是不好好讀書，將來就和他一樣要飯去。但這位父親卻這樣告訴自己的孩子：你一定要好好讀書，長大了一定要讓更多的人找到工作。讓更多像他這樣的人有一個體面的工作。

看了這個影片，我深受觸動，也深為感動，這不就是企業家的責任感和使命感嗎？然而，很多企業家儘管個人成就很大，但思想跟古代的地主

並沒有多大區別，把創業的目的定義為讓子孫後代過上衣食無憂的生活。特別是一些傳統行業的企業家，賺的都是辛苦錢，不願意自己的孩子將來受苦，有了錢之後便讓他們學一些高端時尚的專業，從事一些光鮮亮麗的職業，甚至弄一個什麼家族基金，認為這樣子孫後代可以從中領錢過活，衣食無憂，什麼也不用做了。

這樣的行為用心良苦，但做法值得商榷。一百多年前，林則徐就說過這樣一段發人深省的話：「子孫若如我，留錢做什麼，賢而多財，則損其志；子孫不如我，留錢做什麼，愚而多財，益增其過。」試看歷史，時代動盪之際，什麼權力金錢不動產都可以一朝之間灰飛煙滅。能夠讓一個家族長盛不衰或者衰而再興的，只有文化傳承，請看那些延續百年以上長盛不衰的家族，創始人必有家風或者家訓傳給子孫，絕不僅僅是金銀財寶。

很多企業家也希望自己辛辛苦苦創下的基業在兒孫手裡能夠繼續發揚光大，然而往往事與願違，還是逃不脫「富不過三代」的魔咒。其中一個重要原因就是他們只做到了家業傳承，而沒有做到文化傳承。前面我提到的「勤勉、謙遜、善良和執著」看似是企業家的個人品格，實則這種品格往往和企業合而為一，形成企業文化。然而，家業易傳，文化難傳，由於生活、成長、教育方式的迥異，隨著上一代企業家的離開，企業文化很容易出現斷層。

我的新國大商學院 EMBA 學長方志忠在這方面做得就很好。2000 年，他在新加坡創立了莆田餐廳，如今已經從最初街頭的無名小店發展為足跡遍布全球的知名連鎖餐飲品牌。方志忠學長在兩個兒子很小的時候就讓他們到店裡去幫忙打雜，從刷盤子洗碗開始，一步步體驗和了解餐飲，先學會適應餐飲的辛苦，再學會餐飲的管理。等品牌做大了以後，孩子們也成長起來了，公司也就後繼有人了。

第三章　懷感恩回首過去，抱使命展望未來

　　東南亞華人家族企業延續百年的為數眾多，僅以泰國為例，就有正大集團謝氏家族，泰國酒業集團蘇氏家族，泰國前總理塔克辛・欽那瓦（Thaksin Chinnawat）家族，以及黃創山家族、陳有漢家族等，這些都已經超過了三代。從正大集團的家族傳承上，我們可以一窺其成功祕訣。

　　縱觀正大集團的代際交接，無論是文化傳承還是子女教育都頗有建樹。在文化傳承上，百餘年來，集團形成了誠信、合作、勤奮、求變、感恩等企業文化，並為幾代領導者所遵行。第二代掌舵者謝國民更是提煉出「利國、利民、利企業」的七字箴言，成為公司發展的核心價值觀。第一代謝易初早年離開潮汕老家，到泰國曼谷唐人街昭披耶河岸邊開了家「正大莊」菜籽行，正大集團由此發源。為紀念當年創業之不易，這家店鋪至今猶存，而且一如既往賣菜籽，可見集團對於家族精神傳承之重視。

　　在子女教育上，謝家的子孫，哪怕是在歐美接受西方教育，也得回爐學習傳統文化，而且學成歸來後都得經歷磨練和考驗才能上位。謝國民甚至規定下一代子女想要進入家族企業，須經董事會批准，且必須獲得突出成績。目前掌舵的第三代大都在海外頂尖的商學院就讀過，但回到家族企業後，都沒有直接安排在關鍵部門就職，而是派往集團旗下海外分公司，接受挑戰性任務，在創業中傳承。

　　當然，家族企業的傳承本身是一個世界性難題，即使在海外華商中，大多數也面臨這個困局。一家企業的興衰，不僅關係到家族的利益，也關係到眾多普通家庭的生計和幸福。因此家族企業傳承的時候，也應該有更大的格局，如果子孫真的無法或者不願意承擔大任，那麼也可以在內部培養優秀的接班人，或者在外部尋找優秀的專業經理人，從而讓企業行穩致遠，去造福更多的人。

彈指一揮間，我來到東南亞已經超過十二年了。十餘年間，我接觸、結識、交流過許多優秀的華商同學、朋友，還有許多人雖然緣慳一面，但耳聞其事蹟，想見其為人，雖未謀面，心嚮往之。十餘年間，華商的精神感染了我，激勵了我，也將一直促進我的成長和進步。

■ 走出疫情：變革與展望

三年新冠大流行，環球同此涼熱，其規模之大，影響之廣，堪稱百年一遇。疫情終將過去，但很多東西可能永遠也回不到過去。因為在人類歷史上，但凡遭遇重大危機，變革必將伴隨和相生。新冠疫情讓人們的人本思想和健康意識達到了一個前所未有的高度，投射到辦公領域，必將促使共享辦公和生態辦公迎來極大的發展機遇。當我們的理想和時代的痛點碰撞在一起，也必將迸射出燦爛的火花。

疫情之間，積極應對

著名戲劇家吳祖光才華橫溢，可惜一生遭遇坎坷，人們說他生不逢時，但他固執地認為自己「生正逢時」，每次替人題字多是寫這四個字，看似矛盾，裡面卻蘊含著深刻的人生哲學。

我們的 O2WORK 生態共享辦公空間可謂生不逢時，還未滿週歲——正如一個新生的嬰兒還處在人生中最脆弱的階段，就遇上了席捲全球的新冠疫情。在災難面前，沒有人能夠成為一座孤島。更不幸的是，辦公行業的特點注定其在疫情中會處於風暴眼中。

因為如此罕見的疫情在造成人類健康危機的同時，勢必也會伴生經濟

第三章　懷感恩回首過去，抱使命展望未來

　　危機。這種形勢下，企業的生產經營活動必定從擴張轉為觀望甚至收縮，對辦公室的需求自然也會停滯甚至下降。隨著疫情愈演愈烈，一旦企業紛紛裁員乃至倒閉，辦公室租賃市場更將遭受永續的重創。

　　由於共享辦公的客戶大多是中小企業或者初創企業，具有流動性比較強，抗風險能力比較低的特點，在疫情的風雨中，租戶的穩定性未免成憂。與此同時，作為人員聚集的場所，共享辦公空間的防疫成本與壓力也將急遽上升。如果某個環節沒有做好，或將成為壓垮駱駝的最後一根稻草。

　　整體經濟不景氣，人們首先要收縮的是企業的開銷，然後才是生活的開銷。因為，企業的開銷金額大，而且易於縮減。遭遇經濟寒冬，首先被凍著的是共享辦公，逐步才會是生活消費品。

　　危機當頭，立足生存才能圖發展。為此，我們也採取了一些必要的措施。首先，研究政府在疫情期間對企業的補助政策及申請要求，準備好相關資料清單，以便向政府申請相關補助。小國的危機意識和應對危機的主動性是要強於大國的，而新加坡政府的務實高效也是世界聞名的，這是我們的環境優勢。

　　其次，與業主方溝通，動之以情，曉之以理，千方百計爭取業主的支持，獲得更多的免租期或者租金優惠。在這種特殊的時期，業主與租戶是坐在同一條船上的，風雨同舟，但凡有一點遠見的業主都不會獨善其身。反過來，我們與自己的租戶之間同樣如此，所以我們也盡了最大的努力給租戶更多的免租期，一則可以穩定現有的租戶，二則可以藉此吸引新租戶入住，最快地消除空間的空置率。

　　事實上，我們成了一個傳導的角色。一方面我們力爭從業主以及家

具、咖啡機、飲水機、門禁系統等商家身上獲取盡可能多的優惠，然後我們又把優惠傳遞給自己的租戶。這些努力的核心是留住租戶，因為沒有租戶就沒有辦公室，而沒有辦公室，辦公室也就失去了存在的意義。

2020年4月7日，新加坡政府開始執行疫情以來最為嚴格的隔離令，非生活必需企業的人員全部居家辦公，且不允許任何規模的室內室外聚集。在疫情形勢不明朗，陰霾不知何時能夠散去，整個行業面臨困境的危局中，最容易出現人心躁動不安的情形。

面對如此困局，我在工作計畫中特別強調公司所有人員要牢記「問目的，求結果」的工作方針，有計畫地推進全員網路宣傳，每一位同仁都必須深愛我們的品牌和事業，必須成為最強而有力的品牌宣傳員。

正是處於這樣的困難時期，企業的宣傳才更具意義。一來可以增加員工的凝聚力和認同感，對他們進行精神動員，如果管理層自己都士氣低落，那員工肯定更加人心渙散；二來可以增加客戶或者潛在客戶對我們的認知和信心，當他們看到我們在行業困境的時候仍然保持鬥志昂揚，自然會對我們刮目相看，對我們印象深刻。

而且疫情期間人們關注手機訊息的時間更多，也正是我們宣傳業務和產品的好時機。在居家辦公期間，我們向新加坡本地的12個中文聊天社群按日發送自然生態的語音科普知識，一來提升O2WORK的品牌影響力，二來向社會傳播植物學、植物群落、生態學的專業知識，讓大眾了解人類賴以生存的自然環境。

疾風知勁草。越是困難時期，我們的行為越能彰顯自己的品格，成為宣傳自己的一面鏡子。在實行強制隔離的國家或地區，我們經常在新聞上看到這樣的報導，由於主人被強制隔離，導致寵物無人照料，陷入悲慘的

第三章　懷感恩回首過去，抱使命展望未來

境地，至於植物那就更不用說了，只能自生自滅，甚至不會有人關注。

但我們視植物如我們的親人，因此在新加坡實行社交阻斷的日子裡，我們也努力協調做好植物養護，尤其是在復工前做好養護，確保植物煥然一新，給會員們一個好的景觀，好的心情。如果因為不可抗力的因素，導致植物在隔離禁令期間死掉，我們一定要在禁令一解除就更換植物，並作好通風，確保會員一進門就可以聞到清新的味道。

最後，疫情隔離期間是一個很好的學習階段，因為這一期間沒有辦法到公司去上班，有了更加充裕和完整的時間，再加上疫情期間世界都安靜下來了，也更容易靜下心來讀書學習。當時，我和管理層隔三差五就召開視訊會議，我向兩位創業夥伴反覆強調：不管疫情會永續多久，我們一定要靜下心來，圍繞生態共享辦公空間和利用建植植物群落改善室內環境，永續學習、永續研發，一旦疫情結束，我們要衝到一個制高點，一個高於同業的新起點。

作為管理層，我和大家一起閱讀、分享、思考在疫情中的行業現狀及未來發展的文章，蒐集可能對行業有影響的政策、環境、人員、技術的變化資訊，希望最終能夠對疫情結束後行業的客戶來源變化、客戶需求變化提出一些分析結論，並依據此結論制定我們空間的設計裝修方向和行銷策略。同時，我們也進一步完善公司各項操作規程，並整理建立各項工作流程，並組織員工一起培訓學習。

疫情的第一年我和兩位創業夥伴就編輯整理出總共 25 篇，超過 7 萬字的 O2WORK 各項操作規程。

讀書學習不僅可以提升一個人的修養和業務水準，還可以提升對抗外界紛擾的定力。由於網際網路、智慧型手機和自媒體的發展，疫情期間各

式各樣的資訊一時間鋪天蓋地,使人們莫衷一是,心慌意亂。「誘餌式標題」利用人們對敏感問題的關注,散布各式各樣道聽塗說和別有用心的資訊,使人們陷入深深的恐懼之中。

被亂七八糟的資訊搞得心神不定,不僅認知水準會下降,還會危害身體健康,影響心情、影響食慾、影響睡眠,對自身的免疫力帶來負面影響,這樣的話如何應對病毒呢?因此,我號召大家要與手機「保持安全距離」,要多讀專業資料,少看碎片化資訊。

在身體被禁錮的日子裡,我們的精神照樣可以自由生長。以我自己為例,疫情期間做了超過34萬字的讀書摘抄和思考心得,每一篇都與兩位創業夥伴及時分享討論,進一步提高了我們的專業水準和認知水準,相當於在創業賽道上進行了一次中途加油。

疫情之後,共享辦公

新冠疫情最嚴峻的時期,不少國家和地區都推出了強力的阻隔政策和居家隔離措施來阻止病毒傳播,因此居家辦公成為許多公司和員工無奈之下的救急辦法。這也帶紅了許多遠距視訊的軟體營運商和硬體生產商,讓它們的市值蒸蒸日上。而對很多員工來說,居家辦公不僅省去了通勤之苦,還省去了被主管盯著的壓力,更加自由自在。

於是,一些網路平臺、自媒體迎合人們的口味,大肆鼓吹居家辦公的益處,再加上遠距視訊的軟體營運商和硬體生產商這些既得利益者的煽風造勢,一夜之間,彷彿人類從此將進入足不出戶、居家辦公、居家烹飪、外賣送餐、居家運動的「居家時代」。

其實,居家辦公不是疫情催生的新鮮事物。早在工業革命之前,前店

第三章　懷感恩回首過去，抱使命展望未來

後廠和居家辦公正是社會的主流。工業革命之後，才有了大型工廠的集中生產和集中辦公。於是現代意義上的辦公大樓應運而生，造就了現代辦公──時過境遷，從我們當下的眼光來看，這已經是「傳統辦公」了。

1970 年代，美國國家航空暨太空總署的火箭專家尼爾斯（Jack Nilles）創造了「遠距辦公」這個詞，因而被人稱為「遠距辦公之父」。然而，那個年代受制於技術水準，居家辦公根本看不到商用及普及的希望。

不過，隨著資訊科技的飛速發展，特別是行動網路的不斷更新，不管是遠距辦公的硬體還是軟體，都已經日臻成熟，技術層面的阻礙紛紛破除。但時至今日，居家辦公並沒有成為辦公模式的主流，反而造就了星巴克的「第三空間」，REGUS 為代表的服務式辦公和 WeWork 為代表的共享辦公。

這是什麼原因呢？其實，不少疫情期間長時間居家辦公的人已經知道答案了。等剛開始的新鮮感一過，很多人就會發現在家辦公反而比在公司辦公還要累。沒有了主管和同事的監督，沒有了上下班的儀式感──特別是為了準時打卡下班而產生的工作動力，沒有了集體工作的氛圍，再加上線上交流與當面溝通之間的差異，都會讓工作效率變得低下。為此你不得不延長工作時間，導致一天從早到晚都在工作，似乎有做不完的工作。

更重要的是，人類從一誕生開始就是群居生活，這種天性已經深深地刻入我們的基因裡，對大部分人來說，長時間獨處是一種折磨。坐過牢的人都知道，最可怕的懲罰不是打罵或者責罰，而是關禁閉住單人房。一個人長時間面對四面牆壁，缺少與同類的交流，很容易導致精神憂鬱甚至崩潰。奧地利作家褚威格（Stefan Zweig）的《象棋的故事》（The Royal Game）講的就是這一點，故事的主角被德國法西斯囚禁在一所大旅館徒有

四壁的單人房內，無比空虛，孤寂中他靠一本偷來的棋譜培養了高超的象棋才能，但這種沒有棋盤、沒有對手的長期自我對弈最終使得他精神分裂乃至瘋狂。

農耕文明時代，三畝地、一頭牛，老婆孩子熱炕頭，依賴於自家和家族的人丁興旺，人們的交流局限在族群、部落和村落。工業文明時代，出現了大機器、大工廠，人們走出家庭，走出農村，進入工廠工作，這是劃時代的變革，不同家庭、家族，甚至不同地區的人們聚集到一起，在生產線上合作配合。到了今天，跨國、跨種族的人們聚集在一起工作已經司空見慣。

人與人需要待在一起，哪怕一開始時互不相識，但總會熟絡起來，因為這是一種來自本能的渴望。5G 資訊時代已經來臨，無處不在的行動網路只會提高線上工作的效率，但不會取代線下人與人面對面的交流和相處。

而在集體辦公層面，共享辦公無疑具有傳統辦公難以比擬的優越性。我們知道現在大城市的房價非常昂貴，在這裡工作的人們很少買得起大房子，很多人把自己的房子比喻成「蝸居」。狹小逼仄的環境是不適合一天到晚待在裡頭的，容易導致心理壓抑甚至憂鬱。傳統辦公室雖然整體面積不小，員工個人的位置卻劃分為一個個小格子，每個人的領地界線清晰，仍然難以逃脫「囚徒」困境。而共享辦公空間，顧名思義整個空間都是大家共同享有的，相對於傳統辦公室的獨享，空間一下子拓展了很多倍。

至於人際互動層面，共享辦公空間更是具有得天獨厚的優勢。共享辦公的社區價值是相對傳統辦公的獨特優勢，透過打造寬敞、舒適的共享空間，透過舉辦各種形式和內容的社區活動，為會員和非會員營造人與人相

識、相知、相伴成長的機會。

所以說，新冠疫情大流行之後，人們不可能延續特殊時期的居家辦公狀態，那是「變態」而非常態。然而對於傳統的辦公，卻不會因此回到以前的好日子。一來即使新冠大流行結束，疫情的影響仍將永續很多年，經濟形勢短期內無法回暖，許多公司會逐漸開始裁員降成本。而人力成本和辦公費用是大宗，裁員又直接與辦公室面積的減少密切相關，那麼共享辦公作為一個 CP 值極高的選擇就進入了大家的視野。

二來經過居家辦公的洗禮後，人們會更加了解到傳統辦公的缺點。而共享辦公正好結合了傳統辦公與居家辦公的優點，團隊既可以在一個辦公室內高效工作，又更加人性化，舒適度和輕鬆度都遠高於傳統辦公。

疫情之後，居家辦公盛筵難再，傳統辦公頹勢難改，共享辦公如果能夠發揮自身的優勢，或將贏得更多的市場占比。從這個層面來說，我們又生正逢時。

疫情之後，生態辦公

2020 年初，一位醫學專家曾把某國的抗疫模式比作「少林派」，而把新加坡的抗疫模式比作「武當派」。某國為了阻斷病毒傳播，採取了非常嚴厲的手段，不惜停課停市，封路封城。而那時的新加坡既沒有嚴格限制聚會，也沒有強制戴口罩，只是鼓勵有症狀的民眾居家休息，四兩撥千斤，居然也獲得不錯的效果，疫情發展一直在可控範圍之內。

醫學專家言下之意是想表達「少林派」和「武當派」各有所長，這番話當時也深得多方好評。那個時候，大家或許還幻想著不久的將來新冠會像 2003 年的「SARS」一樣突然間銷聲匿跡，還有更多人把希望寄託在疫苗這

個「核子武器」上面。

然而，事實證明時間和疫苗都沒有辦法消滅新冠疫情。新冠病毒的智慧遠遠超出我們的想像，人類的圍追堵截不僅沒有讓它束手就擒，反而讓它瘋狂進化。透過不斷地變異，它的傳播速度到最後已經讓任何「門派」都無法接招，最終只能選擇共存。疫苗雖然在防範重症上面具有很大意義，但是在阻止感染方面似乎成效不大。自然的奧祕無窮，而人類的力量有限，再次提醒我們：必須學會敬畏自然！

如果我們在有生之年要和新冠病毒共存，那麼環境重建就成了至關重要的事情，這裡的環境包括體內環境和體外環境。因為人和病毒之間存在一個「攻守道」，當我們的免疫系統強大的時候，病毒就無法侵入，而當我們的免疫系統脆弱的時候，病毒就會趁虛而入。

人體免疫力的強弱是由體內環境和體外環境共同決定的。一個體內環境健康且精神樂觀的人，一般來說他的免疫力也比較強，但前提是他還必須生活在一個良好的體外環境中。如果體外環境受到汙染，哪怕你體內環境再好，長久以往，在不斷地侵蝕下，強大的免疫力也會被漸漸削弱。至於那些體內環境本來就較差的人，再把他放在不好的體外環境中，負面因素共振，免疫力更是不堪一擊。

體外環境包括居家環境、辦公環境和其他環境，上班族每天普遍超過三分之一的時間待在辦公環境中。不良辦公環境中瀰漫著被各種工業排放汙染了的大氣以及各種石油化工產品加工的裝修裝飾材料帶來的 VOC、甲醛等揮發性有機化合物，長期呼吸這樣的空氣，長期得不到陽光的普照，免疫力自然就會低下。這樣的身心狀態，連普通的感冒都難以抵禦，遑論凶惡的病毒。

第三章　懷感恩回首過去，抱使命展望未來

疫情過後，上班族對於辦公環境品質提升的迫切要求將在今後一段時間逐漸釋放，並且反推企業變革。因為從一個整體來說，新冠疫情中最受傷的族群恰恰就是上班族。一來不同於老人孩子可以在家休養，上班族為了養家餬口，哪怕身體再難受，往往也要拖著病體去上班。試想一下，如果你身體很難受，同時又處於一個味道很重或者聲音嘈雜的環境當中，內外交困，那種感覺得多麼煎熬！

二來，不少人在新冠康復之後會留下或長或短的後遺症。比如 2022 年 11 月世界衛生組織在《新冠肺炎個人康復指南》裡，就引入了一個新的新冠後遺症名詞——「腦霧」。「腦霧」指在新冠患者康復過程中，可能會出現的各種認知障礙，包括記憶力、注意力、訊息處理、計劃和組織方面的問題。雖然後遺症一般是可逆的，但是哪怕只有短短幾天，對一個人工作狀態的影響也是非常大的。

最關鍵的是，大部分職場人士原本就是不太健康的狀態，只是以為自己年輕，身體本錢多而不放在心上。新冠猶如照妖鏡，一下子讓他們原形畢露，發現健康餘額告急。一些反應比較重的或者後遺症比較長的人在康復後，不排除像「恐癌」一樣出現「恐新冠」的症狀。因此，大家對於健康的重視開始提升到一個前所未有的高度。原本即使聽說空氣汙染造成的死亡人數跟車禍一樣多，也總覺得那是別人的事，小機率事件不會發生在自己身上。但經歷了新冠的教育之後，才明白自己才是自己健康的第一責任人。

如前所述，此次疫情不是養成了人們足不出戶的慣性，而是增強了人們走出家門、走進公園、回到辦公室的願望。當然，疫情同樣使得人們對辦公室的環境、功能等一系列與身心健康相關的問題更加關注和重視。由此，辦公室的功能、場景、環境品質將迎來重大的改革，生態型辦公空間

有望成為未來辦公空間的輕騎兵，領跑業界。

我們的 O2WORK 生態共享辦公空間作為新加坡 BCA 認證的室內空間綠標超金獎得主，開創性地應用了辦公室生態重建的自然模式──植物群落建植，這一理念連接了傳統的智慧和現代的技術，將成為辦公空間的新標準和新風尚。

早在唐代，人們就普遍用盆栽和盆景植物來裝飾家居，充分發揮植物在生態和美學方面的綜合功效，以提高室內空氣品質、美化室內環境，營造舒適氛圍、調節心理，並發揮組織空間和調節空間形態的作用。把綠意盎然的植物引入室內，不僅可以充分利用它的淨化功能。而且透過適當布置，可以在室內重現自然的美景和園林的趣味，置身其中，讓人賞心悅目，輕鬆愜意，使緊張的精神得以放鬆，讓疲憊的身心重獲活力。

O2WORK 透過對「植物與環境」的長期深入研究，透過室內環境生態設計、植物群落建植、生態最佳化，致力於打造「綠色、自然、低碳、宜居」的生態型辦公空間。在後疫情時代，我們的理念正好契合了時代的痛點，這不是偶然，而是一直以來我們以人為本，不斷求索的必然結果。

如果說百年前的西班牙大流感已經成為歷史，那麼 2003 年的「SARS」疫情，2012 年的「中東呼吸症候群」疫情，2014 年的「伊波拉」疫情，卻真實發生於不久前的現實世界中。只是由於它們發生的範圍有限，大多數人沒有親身體驗，身處局外，新聞中的報導就像一粒沙子落入我們的腦海，最多激起幾圈漣漪，而不會有更大的波動。但新冠疫情不一樣，大多數人已經有過「切膚之痛」，如一顆石子落入腦海，激起的是很大的浪花，而無數人的浪花則匯聚成浪潮。在這樣的浪潮拍打下，不知不覺間，我們的生命觀、人生觀、價值觀已經被重塑了。

第三章　懷感恩回首過去，抱使命展望未來

　　從某種意義上說，人類文明史就是一部不斷與瘟疫抗爭的歷史。在瘟疫的肆虐之下，許多不可一世的文明和帝國因此崩盤。西元前5世紀，雅典大瘟疫終結了古希臘文明的黃金時代，西元6世紀，查士丁尼大瘟疫讓東羅馬帝國由盛轉衰，17世紀中期，塞維亞大瘟疫讓大航海時代的霸主西班牙殖民帝國走向崩潰。

　　幸運的是，事物往往都是有兩面性的，瘟疫在毀滅文明的同時也在創造文明。14世紀席捲歐洲的黑死病在造成歐洲人口銳減的同時，也瓦解了天主教會的權威和專制，打破了中世紀黑暗的精神枷鎖，人文主義隨之萌發，偉大的文藝復興因此誕生。

　　新冠疫情的破壞力和影響力固然比不上黑死病，但是從傳播範圍、感染人數、永續時間幾個方面綜合來看，依然無愧百年一遇的傳染病。即使在大流行結束之後，它的影響也將永續發酵，促使人們在生活方式和工作模式上不斷做出改變，健康意識和人本主義會越來越盛行。具體到辦公領域，共享辦公和生態辦公將會因此進入發展的快車道。

第四章
治理室內汙染，獨創解決方案

推薦語

　　本書不僅是作者懷揣夢想、追求理想的二次創業故事，更是他對和諧生活的深刻洞察及對環保理念的執著追求。全書充滿啟示，讓我們在聆聽其創業故事之餘，也重新思考企業家的經營思維對生態環境的重要影響。

―― 林得楠

新加坡作家協會會長

玲子傳媒執行董事兼總編輯

　　閱讀書籍，感悟人生。校友李瑞武二次創業的艱辛和對專業知識的汲取和渴求，融會諸多企業管理大師思想的精華，逐步形成了自己獨特而實用的企業管理理念。本書從全新的視角來詮釋管理與創新，帶給讀者更多的啟發性思考，是一部值得創業者所參考的管理書籍。

―― 王航

新加坡南洋理工大學南洋公共管理研究生院副院長

　　「逐綠獅城」代表了作者李瑞武當今的夢想。作者孜孜不倦，銳意進取。作者待人處事仁禮兼備，踐行華夏美德。經過長年深思熟慮和商界的

第四章 治理室內汙染，獨創解決方案

磨練，作者身懷天下以謙卑心邊學邊做成功打造了 SINGRASS。相信瑞武兄一定會與時俱行在獅城乃至更大的舞臺大放異彩。

—— 燕獻凱
新加坡億海集團董事局主席
環球海事菁英平臺董事局主席

直面人類第三汙染期，打造綠色可永續室內環境

　　隨著城市化的高歌猛進，室內生活已經成為無數人生活的主場景。然而，伴隨著自然環境的惡化，室內空氣汙染對我們健康和生命的威脅也日益嚴重。為此，我們創立了 O2WORK 生態辦公空間，立志做上班族的室內生態管家，並且研發出了 SINGRASS 室內智慧生態系統，以葉菜建植植物群落，構造「生命共同體」的方式，為治理室內空氣汙染提供了最自然，最和諧，最美觀，最富於 CP 值的解決方案。

人類進入「第三汙染期」

　　早在本世紀初，國際上就有專家提出，繼「煤煙型」、「光化學煙霧型」汙染後，現代人正進入以「室內空氣汙染」為代表的第三汙染時期。很多人乍聽這個新聞，可能還雲裡霧裡，他們印象中的空氣汙染還停留在大煙囪冒黑氣的情景中，怎麼突然間就汙染到自己家了？

　　其實，不管是「煤煙型」空氣汙染還是室內空氣汙染，都是古已有之，只是古人那點汙染排放量和現代人相比簡直是小巫見大巫，好比古代的汙染物是手工生產出來的，而現代的汙染物則是生產線大規模生產出來

的,完全不在同一個量級。

早在第一次工業革命之前,由於人口成長,燃料短缺,倫敦一些工業作坊就開始用煤炭代替木材,結果就是很多建築物被「毀容」。工業革命開始後,煤炭的使用量更是突飛猛進,那些光著臂膀掄著鐵鍬把煤塊往火車爐膛裡送的大漢,一邊冒著濃煙一邊發出「嗚嗚」嘶吼聲的火車頭,以及「哐噹哐噹」砸著鐵軌的車輪,成了工業革命時代最典型的力量象徵。

然而,工業革命在成就「日不落帝國」的同時也讓倫敦變成一座「霧都」,倫敦人的死亡高峰跟濃霧的高峰恰好完美重合。

和「煤煙型」這個名稱的接地氣相比,「光化學煙霧型」就顯得有距離許多,難怪很多人至今都搞不清楚它的真面目。光化學煙霧是指汽車、工廠等氣態汙染源排入到大氣中的揮發性有機物(VOCs)和氮氧化物(NOx)等一次汙染物在陽光(紫外線)作用下形成的刺激性很強的淺藍色煙霧,主要成分是臭氧、醛類以及各種過氧醯基硝酸酯。

光化學煙霧最早出現在美國的洛杉磯,當地於 1943 年、1946 年、1954 年、1955 年先後發生光化學煙霧事件。光化學煙霧使整座城市上空變得渾濁不清,使人眼睛發紅、咽喉疼痛、呼吸憋悶、頭昏、頭痛,導致當地哮喘和支氣管炎流行。光化學煙霧還會促成酸雨形成,造成橡膠製品老化、脆裂,使染料褪色,建築物和機器受腐蝕,並損害油漆塗料、紡織纖維和塑膠製品等。據非正式的統計,美國加州於 1950 至 1960 年期間,呼吸道疾病增加一倍,肺氣腫死亡增加九倍。美國在 20 世紀取代了英國成為世界霸主,「欲戴王冠,先承其重」,這算是代價。

好在世界各國紛紛意識到了空氣汙染的危害以及環境治理的重要性。1956 年和 1968 年,英國政府先後兩次頒布《清潔空氣法案》,1974 年又

第四章 治理室內汙染，獨創解決方案

頒布了《空氣汙染控制法案》，這些措施有效減少了燒煤產生的煙塵和二氧化硫汙染。到 1975 年，倫敦的霧霾日由每年幾十天減少到了十五天，1980 年更是降到了只剩下五天，霧都已經成為過去式。

但從這時開始，交通導致的「光化學煙霧型」汙染也取代了工業帶來的「煤煙型」汙染，成為英國新的難題。從 1993 年 1 月開始，英國強制所有在英國境內出售的新車都必須加裝催化器以減少氮氧化物汙染的排放。其次，透過交通擁堵費和發展大眾運輸來限制自用車流量。此外，政府還透過加強綠化的方式來防治汙染。現在倫敦城區三分之一面積都被花園、公共綠地和森林涵蓋，這些綠化帶有效地淨化了空氣。

在治理空氣汙染方面，新加坡雖然起步不算早，卻後來居上，以快、準、狠聞名於世，成為世界級的標兵。早在 1968 年，新加坡就推出「保持新加坡清潔運動」，後續又發表系列環境保護的條例和標準，並不斷完善，以控制工業汙染。

為了教育和督促民眾養成環保意識，新加坡政府法治和禮治並行，罰款加教育同在，廣大民眾為新加坡的空氣品質也是作出了極大的犧牲。為了創辦「無煙城市」，新加坡連安裝抽油煙機都要申請牌照，為此無數的家庭主婦不得不揮淚斬廚藝，高昂的購車稅和龐大的用車成本也讓眾多的愛車族不得不忍痛割愛。所以說，今天我們可以在新加坡的街頭巷尾享受「呼吸自由」，是新加坡幾代人的辛勤付出和隱忍犧牲，我們沒有理由不珍惜這樣的成果！

而在發展中國家，隨著國家治理的深入和人們環保意識的增強，室外空氣品質也得到很大的改善。以前的一些城市哪怕是沙塵暴來襲，學生們仍然要風沙無阻地去上課，而今天居然可以為霧霾停課了，這不能不說是

社會的進步。PM2.5 濃度早已經成為年輕人常掛在嘴上的時髦詞彙，每天出門前看空氣品質指數也跟古人看黃曆一樣常態化了。另外，在很多大城市，那些高高在上不可一世的大煙囪也逐漸退出了歷史舞臺，象徵著一個時代的結束。還有一些大煙囪棄惡從善，改良成為景觀了。

然而，相對於今天人們對室外空氣汙染的日益關注，在室內空氣汙染方面，大家的意識和關注度卻遠遠比不上前者。哪怕是霧霾天，大家也覺得躲在家裡，把門窗一關，就是清淨世界！殊不知，現在室內空氣汙染的程度和對人的身體健康造成的危害已經不遜於室外。如果我們把室外理解為大環境，室內理解為小環境，那麼這個小環境實在是關係著人們的大健康。

根據世界衛生組織（WHO）統計，早在 2012 年就有 430 萬人死於室內空氣汙染，與之相對的是，370 萬人死於室外空氣汙染。由於很多人同時接觸室內外汙染，兩種原因導致的死亡病例不能簡單相加，所以最後整體死於空氣汙染的數字猜想為 700 萬。可見，從十多年前，室內空氣汙染導致的死亡人數已經超過室外空氣汙染。當然，由於統計口徑的不一，各種機構和組織在統計數字上的差異也相當大，但是室內汙染造成的死亡數字一定是百萬量級的，這是毫無爭議的，該數字甚至超過了全世界每年車禍的死亡數字。

在《自然》（Nature）雜誌的一篇評論文章中，作者觀察到，大多數人在室內（家裡、學校和工作場所等）度過 80%～90% 的時間。但是，與世界上許多地方針對室外空氣汙染制定了詳細的、具有法律約束力的國家標準不同，室內空間大多沒有受到類似的空氣品質管制。

世衛組織表示，室內和室外空氣汙染都是造成本可避免的全球疾病和死亡的主要原因，也是全世界最大的單一環境衛生風險。

第四章　治理室內汙染，獨創解決方案

室內空氣汙染的危害

室內空氣汙染一直與人類文明同在。最早在原始社會，火的使用讓人類文明的發展進入了快車道，但是從此也開啟了人類煙燻火燎的室內汙染史。當原始人在山洞裡圍著熊熊燃燒的篝火歡快地唱著歌、跳著舞，慶祝一天打獵的收穫時，他們也在大把大把地吸著汙染顆粒物。

研究證實，以木柴、稭稈、煤炭為代表的固體燃料用於烹飪、取暖會大幅度增加心腦血管疾病的死亡風險。而且固體燃料煙霧誘導的肺癌途徑可能和菸草誘導的肺癌途徑是一樣的，由於婦女在家庭烹飪中承擔的主力作用，因此也成了主要受害者。而中式烹飪方式的特點，又使得華人主婦們相比歐美的主婦們吸入了更多的油煙，很多人因此真的為家庭事業犧牲了。

在古代，固體燃料是不可取代的。好在大部分古人除了睡覺之外，一天中的時間都是以戶外勞動為主，古代戶外空氣品質是沒得說的，經過新陳代謝，那一點做飯時的濁氣也就不算什麼了。相比之下，飢餓和營養不良對古人的威脅要大得多，因此，「煙火氣」反而成了精神世界裡幸福的象徵。

如今隨著清潔能源的逐步推廣，固體燃料造成的環境汙染問題已經不斷改善，根據健康效應研究所（HEI）的統計，自 2010 年至 2019 年，全球依賴固體燃料烹飪的人口比例從 60% 下降到 49%，這主要得益於亞洲地區的進步。

在這方面，新加坡人是幸運的，大多數人既不用煮飯更不需要取暖。此外，政府一直實施嚴格的公共場所禁菸令，違令者輕則罰款重則上法庭。除室內公共場所外，現在連很多人流量大的室外公共場所也已禁菸，

普通人基本不用擔心吸入二手菸。

如果說固體燃料汙染是與人類文明相伴而行的，那麼裝修汙染就是現代人的專利了。古人不管是建築材料還是裝修材料都是出自天然，木頭都是實木，晾晒成熟木後再用榫卯結構拼接，完全不用擔心甲醛揮發問題，所以哪怕是使用大量木頭的宮殿也不需要替皇上淨化空氣。再者，古代的家具並不使用油漆，用的是由幾種或十幾種植物熬製、抽純、勾兌而成的類似油漆的一種油，完全不用擔心苯的揮發。

反觀當下，俗話說「無醛不成膠，無苯不成漆」，現在裝修使用的人造複合板本身就是黏合劑黏製而成的，而裝修過程中又需要大量的膠水，有膠必有醛，再加上油漆的使用，有漆又必有苯。因此，裝修汙染成了現代人揮之不去的痛。但我們也無法回到古人的老路上，因為成本太高，代價太大。如果像古人那樣，哪怕把全世界的森林砍光也滿足不了現代人的裝修需求，而且古人精雕細琢的工夫也是崇尚快節奏的現代人承受不起的。

國際癌症研究機構（IARC）於2004年將甲醛調升為第一類致癌物質。長期接觸低劑量甲醛可引起慢性呼吸道疾病乃至患上鼻咽癌、結腸癌、腦瘤等惡性腫瘤，引起婦女月經紊亂、妊娠症候群，引起新生兒染色體異常、白血病，引起青少年記憶力和智力下降。在所有接觸者中，兒童和孕婦對甲醛尤為敏感，甲醛對其的危害也就更大。

室內裝修汙染最引人注目的是其與兒童白血病之間的關聯，汙染物「不講武德」，專門欺負弱勢族群。看到那些因新居裝修而患上白血病的患兒在化療後變成了「小禿頭」，人們敏感的神經被一次次刺痛著。據一份來自某兒童醫院的調查：在該院接診的白血病患兒中有九成患兒家庭在半年內曾經裝修過。所以現在家有孕婦或者嬰幼兒的家庭都會特別注意裝修

第四章　治理室內汙染，獨創解決方案

汙染，以防悲劇發生在自己身上。

其實除了白血病之外，我們更要關注室內空氣汙染對於孩子呼吸系統的侵害。據世界衛生組織的資料，全世界每年有 10 萬人因為室內空氣汙染而死於哮喘病，而其中35%為兒童。同樣的，成年人也不能掉以輕心，相當比例的呼吸道疾病、慢性肺病、氣管炎、支氣管炎甚至肺癌都跟室內空氣汙染密切相關。

說到這裡，有的人可能會覺得，我家裡既沒有使用固體燃料，房子也已經裝修很多年了，總該沒有室內空氣汙染吧？其實不然，首先裝修了很多年不代表沒有汙染。甲醛的釋放週期長達三年到十五年，也就是說，從孩子出生，到上高中了，甲醛可能還沒散盡。而放射性的氡生命力更頑強，釋放需要幾十年甚至更長。

當然，裝修的重汙染期主要集中在前幾個月，只要這一時期做好開窗通風等各種防治措施，大部分汙染物可以被去除。然而，由於城市化和建築業的發展，城市中的樓房越來越多、越來越高，而且密閉無窗，嚴重阻礙了汙染物排放。再加上新加坡地處熱帶，只開空調不開窗的人們也越來越多，這就使得汙染物的排放難上加難。

室內空氣汙染具有「複雜性，累積性，低濃度、長期性」的特性，如果人們長時間在這種環境下生活、工作、學習，量變累積成質變，就會對身體造成嚴重的傷害。

由於甲醛在新聞報導中的出鏡率比較高，導致很多人把室內空氣汙染的矛頭指向甲醛，甚至把室內空氣汙染等同於甲醛汙染，這也讓甲醛無形中替其他同黨背了鍋。其實在我們的生活中，包括 TOVC、苯、二甲苯、氨氣等氣體的危害性不低於甲醛，都會侵犯人類的呼吸系統，破壞人體的

免疫系統,都存在致癌的可能性。

即使是對甲醛,很多人的認知也是停留在粗淺的層次。不少人是靠自己的鼻子來判斷屋內有沒有甲醛的。如果你能聞到明顯的刺激性的味道,這個時候的室內甲醛濃度已經是嚴重超標了。但當我們處在低濃度甲醛的室內環境當中,一般人是難以嗅出甲醛味道的,除非你對低濃度甲醛的傷害很敏感。

比甲醛潛伏更深的室內有害氣體還有不少,比如「氡」。這是一種天然放射性氣體,被世界衛生組織列為19種主要環境致癌物質之一。它沒有顏色,也沒有任何氣味,卻每天都埋伏在你我身邊,汙染著我們的環境,損傷著我們的身體。據美國科學院發表的室內氡輻射健康影響報告猜想,美國每年有5,000人死於由氡引起的肺癌。平均每天有約60個美國人被氡殺死,超過了愛滋病的致死人數。

再退一步說,即使室內這些有害的裝修揮發氣體全部被我們消滅或者趕出去了,是不是就可以從此高枕無憂呢?答案也是否定的!

室內空氣汙染包括物理性汙染、化學性汙染和生物性汙染。物理性汙染是指因物理因素,如電磁輻射、噪音、振動以及不合適的溫度、溼度、風速和照明等引起的汙染;化學性汙染是指因化學物質如甲醛、苯系物、氨氣、氡及其他氣體和懸浮物引起的汙染;生物性汙染是指因生物汙染因子,主要包括細菌、真菌(包括真菌孢子)、花粉、病毒、生物體有機成分等引起的汙染。

這裡面的種類和數量之多,已經超出一般人的想像。可以說,我們的生活中隨時隨地都在產生汙染,比如你在家中一使用清潔劑,就會釋放甲醛。當然這點甲醛根本不足以對人體產生威脅,但如果你家中的甲醛含量

第四章　治理室內汙染，獨創解決方案

原本就在臨界值附近，一些額外的甲醛排放就有可能帶來健康威脅。

甚至可以說，我們自身就是一個「毒庫」。一個人每天新陳代謝過程中會產生 500 多種化學物質，其中從呼吸道排出的有 150 多種，從皮膚表面汗液排出的有 150 多種，從大小便排出的有 250 多種，主要有二氧化碳、丙酮、烴類、甲烷、苯類、醛類等。這些代謝物由於含量低，本身不足為懼，但是室內空氣汙染在密閉無窗或只開空調不開窗的室內環境中具有累積效應，積少成多就會危害健康。

值得警惕的是，在炎炎之日為人們帶來清涼的空調已經成為細菌滋生的溫床，堪稱一面是佛一面是魔。據某環境科學會釋出的室內空氣汙染研究報告顯示，夏季室內空氣汙染較戶外高出 4～5 倍，近九成的室內空調，細菌超過標準近 40 倍，最嚴重的超標近百倍！其中，中央空調尤其嚴重。如果住所或者辦公場所的空調長期未經有效的清潔，時間一長，你可能會患上一種叫做「空調病」的疾病，出現頭暈、頭痛、食慾不振、關節痠痛等一系列症狀。新加坡一年四季均是夏日，空調使用率高，在這方面更要注意。

室內空氣汙染物中最容易讓人忽視的可能是二氧化碳了，這是我們每次呼吸都會產生的代謝物，一般人根本不會把它和空氣汙染相連在一起。但其實人體對二氧化碳濃度的反應是十分敏感的，不信晚上睡覺前把被子蒙在頭上，不過一分鐘你就會感到不舒服。你可能認為這種不舒服源於氧氣減少了，其實是因為二氧化碳濃度達到了危險程度。當二氧化碳的濃度達到 1%（1,000ppm）時，人們會感到沉悶、心悸。達到 1,500～2,000ppm 時，人們會感到氣喘、頭痛、眩暈。

2016 年，哈佛大學（Harvard University）和雪城大學（Syracuse University）的科學研究人員發現，當室內的二氧化碳濃度達到 945ppm 時，人們的認知功能會下降 15%；當室內的二氧化碳濃度達到 1,400ppm 時，人們的認知功能會下降 50%。

再進一步，當辦公室空氣中的 CO2 濃度達到 1,500ppm 時，有些比較敏感的員工們就會感覺很睏，開始出現注意力難以集中或者精神疲勞的現象。超過了 2,000ppm 後，一些人甚至不想繼續工作，思考能力明顯下降。而室內二氧化碳濃度要達到 2,000ppm 並非難事，兩個人在密閉的臥室裡睡一個晚上就能輕鬆完成這一任務，更不要說人員密集的辦公室了。只是這種疲勞感或者精力不集中通常被認為是工作壓力或者身體不適帶來的，導致真凶逍遙法外。

O2WORK：室內環境生態管家

新冠疫情全球大流行之後，世界各國對於室內空氣品質的關注達到了一個前所未有的高度。2022 年，在《自然》上發表的一篇長文中，澳洲昆士蘭科技大學的氣溶膠科學家 Lidia Morawska 說：「歷史上從來沒有哪個時期，人們像現在這樣關注室內空氣品質。」

2021 年 10 月，美國加州通過了一項法律，要求所有中小學建築提供乾淨的室內空氣。2022 年 3 月，美國政府啟動了「室內清潔空氣挑戰」（Clean Air in Buildings Challenge），鼓勵業主和經營者改善通風系統和室內空氣品質。

而在比利時，2022 年 7 月頒布了一項新規，不僅要求公共場所達到一定的空氣品質標準，還要求顯示即時二氧化碳濃度 —— 該指標能評估室內流入了多少新鮮空氣。

第四章　治理室內汙染，獨創解決方案

　　新加坡政府作為環境治理的世界級標兵，在這場各國的室內空氣治理競賽中自然也不會缺席。2021 年 9 月 26 日，新加坡政府的衛生部、環境局、建設局聯合發表密閉室內環境 CO2 濃度控制指導性文件，要求室內環境中的 CO2 濃度控制在 800ppm 以下。2021 年 12 月 21 日，新加坡建設局推出綠標認證新標準，按照這個新的標準，73％的綠建築評級將下降，61％的大型辦公大廈將無法獲得任何評級。

　　新加坡企業也積極行動起來，與政府攜手行動。2022 年 4 月 11 日，由政府與私人企業代表組成的「新加坡可永續空間群策群力行動聯盟」正式發表「降低甲醛承諾宣告」。2023 年 1 月 4 日，由新加坡商業聯合會、新加坡家具工業理事會和新加坡綠建築委員會成立的可永續空間行動聯盟（Alliance for Action on Sustainable Spaces）推出室內空氣品質行業準則，旨在鼓勵室內空間材料製造商與使用者限制甲醛排放，以改善室內空氣品質。2023 年 1 月 6 日，新加坡《聯合早報》發表了題為〈室內甲醛排放應予以正視〉的社論。

　　作為一家以室內生態為旗幟的共享辦公空間，O2WORK 自誕生之日起，就立下了「生態與尊重」的核心價值觀，以「打造綠色、自然、低碳、宜居的室內空間」為願景，以「為室內環境更生態，為人的身心更健康」為使命。

　　企業創立不到一週年，新冠疫情凶猛來襲，我們親眼見證了無數人的「呼吸之痛」，由於病毒像幽靈一樣無所不在、無孔不入，人們甚至連在室內都不敢摘下口罩。似乎一夜之間，自由呼吸就成了一種奢侈。這也讓我們更加堅定了自己的目標，並在幾年的研究和探索中不斷最佳化和提升室內空氣治理解決方案，建立了生態辦公空間一整套營運管理體系，包括生態勘測（物業篩選）、生態設計、生態裝修／生態監理、室內環境植物群

直面人類第三汙染期，打造綠色可永續室內環境

落建植與養護、生態驗收五個方面。

在生態勘測（物業篩選）方面，我們於目標區域內，篩選交通便利、商務與生活設施齊備的物業，以「O2WORK 室內生態標準」對目標物業和樓層進行生態勘測、生態評估，與重視生態環保與可永續發展的房地產開發商、地產基金、投資機構進行深度合作。

在生態設計方面，我們將室內智慧生態系統作為生態和景觀元素融入空間，以「綠色、可永續」的理念設計辦公空間，打造出了「綠色、自然、低碳、宜居」的工作環境。同時，我們將室內生態設計與平面設計、3D 設計結合，實現了「形色之美、植物景觀及生態功能」的高度融合。

在生態裝修方面，我們嚴格以新加坡綠色標章最高標準優選各種裝修、裝飾材料。在裝修施工中，我們實行全程生態監理，採用科學儀器和檢測材料對各個點位的汙染物指標值進行監測，同時確保垃圾徹底清理和粉塵、揮發性有機化合物的充分排放。我們還購置了可以清理 PM0.3 ～ PM2.5 超微細灰塵的吸塵器，購置了可以釋放 150 度高溫氣體殺滅地毯中 90% 以上細菌、塵蟎和有害微生物的蒸汽機。

高層辦公室的裝修汙染一直是一個頑疾，一年中有的租戶在退租復原，有的租戶在裝修，復原與裝修的過程不僅會釋放出 PM2.5 等大量可吸入顆粒物，還會製造出甲醛和 TVOC 的汙染源。同時，晚上空調關閉後室內的氣溫上升，甲醛、TVOC 會加速揮發。可以說，我們的生態裝修為辦公室裝修汙染的惡性循環提供了一個有效的解決方案。

在生態驗收方面，我們在樓層主要出風口處懸掛室內空氣品質檢測儀，即時動態監測室內空氣汙染物指標值。同時，我們向新加坡建設局申請室內環境綠標認證，第一個空間就獲得了超金級認證，為新加坡聯合辦公行業開創了綠標認證的先河，也樹立了生態辦公空間的標竿。O2WORK

第四章 治理室內汙染，獨創解決方案

所用的室內智慧生態系統可以有效降低密閉空間中的有害物質，包括甲醛、VOC（揮發性有機化合物）、二氧化碳等，並獲得了國際權威機構 TÜV SÜD 的權威認證。

在裝修期間，我們發現空間中沒有「裝修的味道」，立即啟動體驗行銷，邀請各家銀行、祕書公司、房地產仲介過來「聞味、體驗」，獲得了良好的行銷效果。同時，我們在開放區域的出風口旁邊懸掛溫度、溼度和 VOC 監測儀，溼度達到健康指標值 60% 以下，VOC 指標值經常為「0」。參觀體驗的客戶和租戶都讚不絕口，認為 O2WORK 是他們看到的第一個現場視覺和感受遠遠超過 3D 效果圖的綠色生態辦公空間。

開業後，我們的空間生態環境進一步獲得了入住會員的一致好評。會員 Elvis 說：「我的鼻子就是活體空氣品質檢測儀，如果空氣不好，馬上就會打噴嚏、流眼淚，在 O2WORK 的 COLLYER QUAY CENTRE 生態辦公空間待了兩週了，鼻子很舒服，沒有打噴嚏。」會員 Yvonne 說：「我已經懷孕 5 個月了，我對空氣汙染敏感，更擔心對胎兒的健康帶來不良影響。我最近一直在尋找『沒有裝修味道、不刺痛眼睛』的辦公室，O2WORK 的 ODEON TOWERS 生態辦公空間剛剛開業就沒有味道，真是太好了！」

現在，O2WORK 和 SINGRASS 已經集齊了天時、地利、人和。所謂「天時」，就是後疫情時代人們對身體健康和室內空氣品質的重視進入了一個全新的時期；所謂「地利」，就是我們位於新加坡這個東西方文明、多元文化交會之處，在市場格局瞬息萬變的今天，能夠更輕鬆地接收各方資訊，掌握企業航向；所謂「人和」，一是我們的生態理念獲得越來越多客戶的認可與支持，二是我們以阿米巴經營打造了一支富有凝聚力和戰鬥力的團隊。展望未來，我們將立足新加坡，並積極拓展世界其他國家和地區的市場，不斷破浪前行，成長壯大。

SINGRASS：「點睛」室內環境生態治理

　　從 1960 年代開始，歐美國家開始重視室內的空氣汙染並力圖透過立法來解決這個問題，但長期以來的解決方法一直限於各種空氣淨化機和空氣淨化劑。空氣淨化機神通有限，只能跟空氣中的汙染顆粒物叫陣，根本無法過濾 CO_2、甲醛和 TVOC 等。而且新加坡空氣溼度很高，顆粒物很容易與空氣中的水分子凝結沉降，很難達到人的呼吸氣流層高度被人吸入。空氣淨化劑主要是化學藥劑，一來效果有限、時效短，二來會帶來次生汙染。

　　西方科學家早已證明植物是解決室內空氣汙染最生態、最有效的方法。植物可以透過葉片表面的氣孔和表皮吸收、吸附汙染物，其葉片表面積通常為植物占地面積的 20 倍以上，因此，植物是天然的空氣過濾器。對於進入體內的汙染物，植物可以透過體內代謝過程或者自身分泌的酶來降解。植物還可以聯合根系微生物降解由於乾溼沉降進入土壤或者水體中的汙染物。與傳統的化學、物理及微生物治理技術相比，植物去除空氣汙染物具有應用範圍廣、經濟效益高和環境擾動小等優點，應用前景十分廣闊。

　　植物除了具有淨化空氣的能力之外，還可以作為空氣汙染的「監測器」。室內空氣的低濃度汙染十分隱蔽，人們很難用鼻子直接感受到，其中一些汙染成分更是道行高深，甚至利用儀器都難以將其捕捉到。而不少植物有「潔癖」，對室內空氣汙染的反應要比人類和動物靈敏得多，當空氣中有害氣體濃度只有百萬分之幾的時候，這些植物就會出現反應。因此，我們可以根據這些植物對有毒有害氣體特別敏感並表現出來的一些受害症狀，來監測有毒有害氣體的存在和濃度，這是一種既可靠又經濟的方法。

第四章　治理室內汙染，獨創解決方案

然而，植物在室內外面臨著迥異的生存和生長環境，如果只是簡單粗暴地把室外的植物搬進室內，無異於一場謀殺。新加坡地處東南亞熱帶雨林氣候，號稱「花園城市」，戶外滿眼是綠色植被。但室內環境與戶外環境差異極大，戶外欣欣向榮的植物到了室內可能就會死氣沉沉。

植物生長不僅需要水、土、肥、陽光，還需要風，而室內不僅沒有陽光，門窗一關，甚至連風都進不來。室內照明的燈光與陽光不可同日而語，透過窗戶的玻璃照進室內的陽光，被玻璃一過濾，幾乎只剩下了熱能。同時，戶外的 CO_2 濃度僅 300～400ppm，綠植在自然中已經習慣了這樣的濃度；而到了室內，面對 1,500ppm 上下的 CO_2 濃度，一下子無法適應過來，就像讓你突然改成蒙著頭睡覺一樣，時間久了只有憋死。

此外，不同植物品種在淨化空氣的能力上也有著天壤之別，比如闊片的植物天生就比窄片的植物擁有優勢。再者，要達到淨化空氣的目的，房間內擺放的植物量要達到一定的標準，花盆少了達不到目的，太多的花盆又可能讓屋內變成一座亂糟糟的迷宮。

所以，植物在室內環境中的「生存、生長和生物量」一直是一個世界性的難題。直到今天，大部分室內環境中擺放綠植僅僅是個人偏好和色彩點綴，僅僅當作綠色的擺設。大家既不關心植物如何才能生存、生長並有足夠的生物量，也沒有關注植物對身心健康和室內環境有哪些生態功能。

在創辦 O2WORK 之前，我們有過很長一段時間對東南亞礦山修復市場進行調查和勘測的過程，在這個過程中我們重點調查了當地礦區一些生命力旺盛的植物，力圖用建植鄉土植物群落的方式來進行土壤修復。雖然礦山修復的事業沒能延續下去，但是這期間的研究卻為我們後來在共享辦公空間利用建植植物群落的方式進行空氣汙染修復提供了寶貴的經驗。

直面人類第三汙染期，打造綠色可永續室內環境

　　最初，我們篩選適合室內環境生長的耐陰和喜陰品種建植熱帶植物群落，如琴葉榕、口紅花、虎尾蘭、虎皮蘭、黃金葛、綠蘿、鳥巢蕨、龜背竹、金錢樹、斑馬樹、圓葉椒草等，以及各種特色觀賞類盆景植物。我們透過多品種和立體布設來建植室內植物群落，充分提升了植物的存活率，並大幅提高了植物淨化空氣和釋放氧氣的生態功能。

　　辦公生態的改進可以有效提升工作效率，這是被實驗證明的了。新加坡國立大學在加拿大、澳洲、香港進行了辦公環境的測試，即在大型的辦公室內，一半員工的桌面擺放綠植，另一半只擺放非綠植的其他物品。實驗證明，半年後，擺放綠植的那部分員工之間的關係更為融洽，他們更願意幫助同事，對工作的投入度也更高。

　　然而，為了達到特定的生物量，我們不得不在室內擺放大量的花盆，這些密集的花盆對室內環境的美觀造成了不小的負面影響。為了解決這個問題，我們開始尋找替代花盆的室內種植系統，於是有了 SINGRASS 室內智慧生態系統的誕生。也是在這個過程中，我們的建植主體有了一個顛覆式的改變──從綠植變成了葉菜。即以 27 種精挑細選的葉菜為主體，以獲得了 11 項專利認證的 SINGRASS 室內智慧生態系統為載體，在室內環境中建植植物群落。由於我們的智慧補光系統和室內的高濃度 CO_2 使葉菜能夠充分光合作用，這就有效實現了葉菜的生長和生物量。

　　為什麼種葉菜不種花草？因為植物的光合作用是以葉片為載體來完成的，需要葉綠素、陽光中的紅光和藍光及 CO_2。而蔬菜是馴化了的植物，葉菜只生長葉片，其葉片的表面積遠大於一般的綠植，因此光合作用的效能高，減碳增氧、淨化空氣的生態功能強。而且，現在社會上花粉過敏的人越來越多，不適宜在密閉的室內空間中種植大量開花的植物或開花結果的蔬菜，而花粉過敏的根源之一就來自室內的空氣汙染。

第四章　治理室內汙染，獨創解決方案

　　當然，植物在新陳代謝過程中，是同時進行光合作用和呼吸作用的。當光照充足時，植物主要顯示光合作用，吸入二氧化碳並釋放出氧氣。當光照不足時則反之，主要顯示吸入氧氣、放出二氧化碳的呼吸作用。因此，有的朋友可能會生出疑惑：辦公室有這麼多葉菜，晚上是否會釋放很多二氧化碳，是否會跟人爭氧？

　　且不說我們上班主要是在白天，也就是植物光合作用最強、呼吸作用最弱的時間段。單就光合作用而言，實際產氧量＝實測的氧氣釋放量＋呼吸作用耗氧量。呼吸作用所需要的氧氣來自植物自身製造的氧氣，在全球範圍內，植物製造的氧氣總是遠遠大於它們自身呼吸作用所需要的量，餘額還可以免費貢獻給其他生物使用。所以，我們完全不必擔心這個問題。

　　每一臺 SINGRASS 室內智慧生態系統可以同時容納近 200 株葉菜，這就完美解決了植物「生物量」的問題。按照每個花盆種植 2 株，需要近 100 個花盆。請您想想，在 280 坪的辦公室內，如何擺放這 100 個花盆？

　　這麼大植物容量的 SINGRASS 室內智慧生態系統其實占地面積並不大，單臺占地僅 0.09 坪多，可以在室內空間中隨處擺放。而一株 1.2 公尺高的綠植盆栽，占地約 0.45 坪。兩相對比，優劣昭然。

　　我們把 SINGRASS 室內智慧生態系統的高度定在了 1,700 公釐，有兩個考量：首先，1,700 公釐是屏風的美學高度，擺放在室內空間中不高不低，極具美感。而且在這個高度內，老人、小孩、男士、女士，都可以輕鬆操作。

　　其次，SINGRASS 室內智慧生態系統可以完全涵蓋人們臥姿、坐姿、站姿時的呼吸氣流層。成年人每小時會釋放出 22.6 升 CO2，在密閉無窗有冷氣的室內空間中，1,200 公釐上下區間內的 CO2 濃度最高，這也是為

什麼我們坐在辦公桌辦公不如站著辦公更清醒的原因之一。新國大原環境與設計學院林棋波院長在講課時曾對學生們講：「你們上一天課，CBD 的上班族們上一天班都覺得很累，其實不是因為課程多、工作量大，而是因為空氣品質，尤其是高濃度的 CO2。」

我們已經請 TÜV SÜD 測定 SINGRASS 室內智慧生態系統與傳統室內農場的相對碳匯值，即傳統室內農場與 SINGRASS 室內智慧生態系統同樣產出 27,420 噸葉菜所產生的碳排放的相對差額，差額高達 158,483 公噸。也就是說：一臺 SINGRASS 室內智慧生態系統相當於 7.79 棵大樹的減碳能力。

案例證明，利用 SINGRASS 室內智慧生態系統，僅僅在 4 個月內，就將一處辦公室內的甲醛濃度由 0.403mg/m3 降至 0.043mg/m3，TVOC 濃度由 0.403mg/m3 降至 <0.001mg/m3，PM2.5 濃度由 30mg/m3 降至 5mg/m3。

近年來，ESG、碳減排概念不斷出現在大眾眼前，它將低碳環保和節能減排整合為一體，變成一種潮流時尚，走進人們的生活與工作中。ESG 概念全稱是 Environmental（環境）、Social（社會）和 Governance（治理），是由聯合國環境署在 2004 年提出的環保概念，是一種倡導企業關注自然環境、社會影響、治理績效而非財務績效的投資理念和企業評價標準。

ESG 幫助企業從經濟效益第一的思考模式轉變為關注更為廣泛和綜合的社會目標，並且為企業從氣候變化、資源效率、工人權益、性別平等、種族多樣性等多個方面樹立了非常具體的評估標準（KPI）。這些目標不但可能從長期提升經濟效益，更避免了業務發展中的潛在風險。

ESG 中的各項指標都對新加坡的生存和發展發揮著至關重要的作用。因此，新交所從 2016 年開始就要求所有上市企業強制性披露可永續發展

第四章　治理室內汙染，獨創解決方案

報告。同時，新加坡也是東南亞第一個通過碳定價法（CPA）引入碳稅的國家。

2021年2月11日，政府發表「2030年新加坡綠色發展藍圖」（Singapore Green Plan 2030），為支持企業追求可永續性發展提供資金援助，旨在加強新加坡的經濟、氣候和資源抗壓力及復原能力。2021年12月9日，永續發展與環境部長傅海燕在發表主題演講時表示：「新加坡最大的經濟機遇在於以包容的方式發展綠色經濟，創造新的就業機會，尋求新的投資，推動產業脫碳，並利用可永續性作為國內企業的競爭優勢。」

但是新加坡綠色發展之路依然任重而道遠。根據2020年「What Is My Carbon Footprint」網站的一項研究結果，新加坡人均每年的碳排量為9,000公斤，是世界平均水準的二倍多，是維持可永續足跡目標的四倍多。

根據美國的一項調查顯示，大部分年輕人願意為了ESG額外支付成本。如果你現在去買一杯奶茶，同樣的品質和口味，肯定是選價格更便宜的，但是未來有了ESG評級之後，也許人們就會選擇價格稍貴但是出自ESG評級更優秀的企業生產的奶茶。可以預見的未來，一家企業的競爭力將與ESG直接掛鉤。在ESG各項指標上不能達標的企業將來不得不支付更高的融資成本，甚至即使願意支付更高的融資成本也未必能如願融到所需的資金。

ESG的終極目的是人類的身心健康和繁衍生息，ESG的核心是人與植物的近距離良好互動。這樣才能發動大眾參與到ESG的行動中，也才能真正快速地全面推行ESG。否則，只能成為大學、銀行、政府、大型溫室氣體排放企業之間的高談闊論，最終曲高和寡，難以引起大眾的關注和支持。

西方科學家早已證明，在距離足夠生物量的活體植物 1.5 公尺的半徑內，植物可以有效舒緩人的視覺疲勞、精神壓力，並使人心情愉悅。植物使人心情愉悅不是因為個人偏好，而是基於人類的基因。所以，SINGRASS 室內智慧生態系統沒有過度智慧化，沒有自動注水、自動採收，而是讓辦公室、住宅中的人們動手來注水、噴水、採收，與葉菜近距離良好互動。所謂的大健康，首先應該是人類生活、學習、工作的室內環境的健康。

SINGRASS 不僅在辦公空間室內空氣汙染治理上為企業 ESG 之路提供了一個新穎有效高 CP 值的解決方案，而且我們從設計理念上就與 ESG 理念完美契合。一直以來，傳統的室內設計裝修，照亮地面的燈都是安裝在天花板的。SINGRASS 室內智慧生態系統的補光系統距離地面更近，五個種植層的補光燈可以把地面照得更亮。而室內空間中過道、Pantry、角落的照明系統需要支付五份費用：電路圖設計費、電路圖稽核費、工費、料費、電費 —— 尤其工費，不僅需要有資質的電工而且屬於高空作業，費用昂貴。再者電纜、電纜橋架、燈具、開關都是高耗能、高汙染的工業品，在退租時還要額外花費拆除當垃圾丟掉，這就與低碳的理念背道而行。

而且，在辦公室中，無窗區域的辦公室或辦公桌座位既沒有自然採光也看不到任何景觀。使用 SINGRASS 室內智慧生態系統，擺放在無窗區一側的過道，既可以替代照明系統，而且可以替過道和無窗區帶來雙重的生態景觀。從這個角度來說，SINGRASS 室內智慧生態系統無疑成了室內生態治理中的「點睛」之筆，有了它之後，整個室內生態治理系統都「活」起來了。

第四章　治理室內汙染，獨創解決方案

O2WORK 室內環境生態設計標準

綠建築標準

隨著社會經濟和科技的快速發展及城市化過程的加快，人們對現代辦公環境的品質提出了更高要求，工作環境的舒適與健康變得越來越重要。

綠建築理念始於 1990 年代初興起的可永續建築場地已經成為越來越多設計師和企業老闆的共識。綠建築可以節約能源、減少二氧化碳排放、保護水資源、改善使用者的健康狀況、提高工作效率、減少營運和維護成本，並且與傳統建築的建造成本基本持平。

建築物資源消耗占據比：

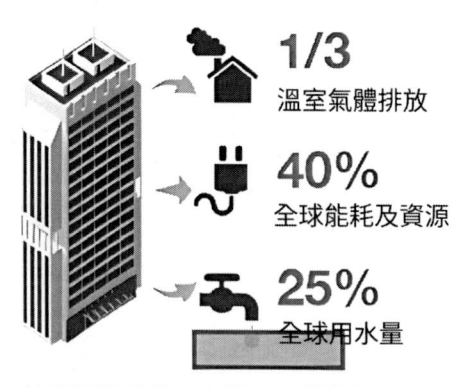

1/3
溫室氣體排放

40%
全球能耗及資源

25%
全球用水量

使用經過驗證且商業可行的技術，可以讓建築物能耗降低30%至80%。

安全、舒適的室內環境作為綠建築的核心，急待提高其在綠色認證標準中的權重。

O2WORK 室內環境生態設計標準

1. 新加坡建設局綠建築標章

　　2005 年，新加坡建設局推出了建設局綠建築標章認證計畫。到 2030 年，80% 的建築都將會獲得綠色認證。該認證計畫專門針對熱帶地區的建築，以評估建築物對環境的負面影響及獎勵其可永續發展效能為目的，讓新加坡成為擁有熱帶及亞熱帶地區專長的綠建築業中的全球領導者。新加坡未來將更加重視建築物內部環境品質和健康、生命週期與環境影響以及居住者的消耗和行為。

　　建設局綠建築標章的特點：

- 更加強調能源效率
- 為熱帶氣候量身打造：主要考量熱增益及室內的空調製冷
- 針對空調製冷系統而制定的高標準的檢測驗證，以確保可以永續監測空調製冷系統的運行情況
- 建築物內和樓頂開發公共綠地
- 美國綠建築協會 LEED 綠建築評估體系
- 美國 WELL 健康建築標準

2. 室內環境生態管家

　　室內環境植物群落建植、室內環境生態設計與生態最佳化能夠為綠建築提升核心價值，將是綠建築和綠色辦公空間所必需的與人的工作環境密切相關的專業服務領域。O2WORK 生態共享辦公空間的物業不僅選擇綠建築，為業主和租戶錦上添花。同時，為了提升在非綠建築中辦公人群的辦公環境品質，O2WORK 也會選擇非綠建築物業，透過生態設計和生態最佳化為其增添綠色，提升室內環境品質。SINGRASS 以葉菜為主體，以

室內智慧生態系統為載體，在室內環境中建植植物群落，打造生態景觀，實現減碳增氧、淨化空氣的生態功能，產出最新鮮、無公害、免溯源的葉菜，並大規模減少碳足跡。

3. 作為建築業主，空間營造始於購置或租賃綠建築

對企業租戶而言，空間營造始於選擇入駐綠建築。越來越多的機構正在以可永續發展方案向其關注環保和資源效益的員工和客戶展現公益責任與承諾。其動機不僅在於節省水電費用，更多的是期望可永續發展的理念能夠支持企業的品牌認可度、員工凝聚力和企業的社會形象。

生態設計標準

1. 以人為本

室內環境包括辦公空間、大型超市、交通樞紐、學校、醫院、自用車輛、大眾運輸等人群聚集的室內空間。辦公空間是指為人們辦公需求提供的工作場所，其首要任務是使工作達到最高效率，其次是塑造和宣傳企業形象。在辦公空間進行的工作包括辦公、讀書、交談和思考，對電腦及其他辦公設備的操作等。因此，一個優秀的辦公空間設計應該滿足其使用功能、藝術功能、生態功能等多重需求，這種功能性可用下圖表示：

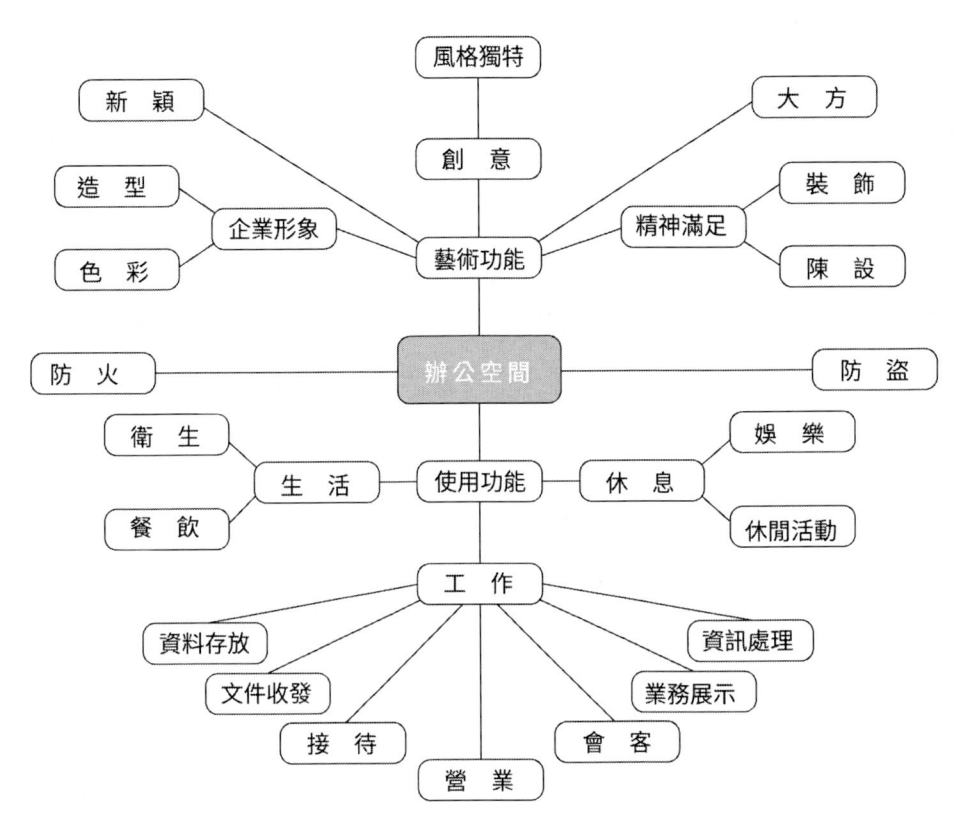

```
                    風格獨特
     新 穎              │
       \               │              大 方
        \            創 意             /
   造 型  \            │            裝 飾
      \   \           │           /
       企業形象 ──── 藝術功能 ── 精神滿足
      /                              \
   色 彩                              陳 設
                       │
   防 火 ──────── 辦公空間 ──────── 防 盜
                       │
   衛 生                              娛 樂
      \                              /
       生 活 ──── 使用功能 ──── 休 息
      /                              \
   餐 飲                              休閒活動
                       │
                      工 作
          /    /    |    \    \
   資料存放              資訊處理
     文件收發         業務展示
        接 待      會 客
           營 業
```

　　隨著人由勞動力提升為人力資源、人力資本，辦公空間作為人工作的室內空間，已經開始「以人為本」，而不再「以工為本」。

2. 人體工學

　　在辦公空間設計中，「人性化」、「高效率」是衡量辦公環境品質的兩大指標。人體工學研究人及與人相關的物體（家具、機械、工具等）、系統及環境，使其符合人體的生理、心理及解剖學特性，從而改善工作與休閒環境，提高舒適性和效率，提升身心健康。人體工學在辦公空間設計中的主要作用如下：

第四章 治理室內汙染，獨創解決方案

• 為確定人在室內活動中所需空間提供主要依據

影響空間大小、形狀的因素很多，但最主要的因素還是人的活動範圍以及家具設備的數量和尺寸。因此，在確定空間範圍時，必須先清楚不同性別成年人在立、坐、臥時的人體平均尺寸，還有人在使用各種家具、設備和從事各種活動時所需空間的體積和高度，這樣一旦確定了空間內的總人數，就能定出空間的合理面積與高度。另外，人在使用辦公家具時，其周圍必須留有活動和使用的最小空間，這些要求都由人體工學科學地予以解決。

• 為辦公家具的設計提供依據

辦公家具是為人工作使用的，所以家具設計中的尺度、造型、色彩及其布置方式都必須符合人體生理、心理尺度及人體各部分的活動規律，以達到安全、實用、方便、舒適、美觀的目的。

• 提供適應人體的室內物理環境的最佳參數

室內物理環境主要有室內熱環境、聲環境、光環境、視覺環境、輻射環境等，人體工學可以為確定感覺器官的適應能力提供依據，人的感覺器官在什麼情況下能夠感覺到刺激物，什麼樣的刺激物是可以接受的，什麼樣的刺激物是不能接受的，進而為室內物理環境設計提供科學的參數，從而創造出舒適的室內物理環境。

• 研究人的心理行為並用於指導設計

辦公空間的環境僅僅滿足人們工作的基本生理需求是遠遠不夠的，要營造舒適、高效的辦公環境，研究人在工作過程中的心理需求和行為特徵也是非常重要的。這個研究結果可作為空間劃分和裝飾表現的依據之一。

3. 辦公空間生態設計要求

- 生態設計即可永續設計，又稱綠色設計，致力於減少人類對環境的不利影響，消除對不可再生資源的依賴，以及增進人與自然的親密關係。可永續性的原則包括提倡能源效益和節能，使用回收或環保材料，植物群落建植、改善室內空氣品質，為優質耐久產品設定效能標準。

- 室內辦公、公共、服務及附屬設施等各類用房之間的面積分配比例，房間的大小及數量，均應根據辦公大樓的使用性質、建設規模和相應標準來確定。

- 辦公空間往往是單位或企業形象的展現之一，不同的單位具有不同的工作特點，要對企業類型和企業文化深入了解，只有這樣才能設計出反映該企業風格與特徵的辦公空間，使設計具有個性與生命力。

- 充分了解企業各部門的設定及其相互功能之間的連繫，這對辦公空間的平面布局和區域劃分，以及人流路線的組織至關重要。

- 在「以人為本」的理念下，一切相關的素材、技術都要考慮到人的因素，在規劃燈光、空調和選擇辦公家具時，應充分考慮生態環保、實用性和舒適性，並結合人文、科學、藝術的因素，營造一個綠色、美觀、舒適、和諧的空間。

- 辦公空間是工作場所，人在其中主要是為了工作。裝修特色應以大方、實用和簡潔為主。豪華、複雜的造型、斑斕的色彩、動感的線條，都會影響員工專注工作。

- 在辦公空間設計中引入生態環保意識，力求人與植物群落等自然元素能完美融合。在空間區域內營造出綠色、自然的生態環境，是辦公空間設計的發展趨勢。

4. 辦公空間的設計要點

- 辦公空間的平面布置應考慮家具、設備尺寸，以及辦公人員使用家具、設備時必要的活動空間尺度。還要考慮各工作單位依據使用功能要求的排列組合方式，以及房間出入口至工作位置，各工作位置相互間的室內交通過道的設計安排等。

- 在辦公空間裡，平面工作位置的設定可按功能需求進行整間統一安排，也可小組分區布置，各工作位置之間、小組內部及小組之間既要聯絡方便，又要盡可能避免過多的穿插，以便減少人員走動時對他人工作的干擾。

- 根據辦公大樓等級標準的高低，辦公室內人員常用的面積定額為每人1～2坪，依據此定額可以在已有辦公空間內確定工作位置的數量（不包括過道面積）。

- 從室內每人所需的空氣容積及辦公人員在室內的空間感受角度考慮，辦公空間淨高一般不能低於2.6公尺，設定空調時也不應低於2.4公尺。

- 從節能和有利於心理感受角度考慮，辦公空間應具有天然採光，採光係數中窗、地面積比應不小於1：6（側窗洞口面積與室內地面面積比）。

- 辦公室照明設計標準：

	SLL/CIBSE	IESNA
主要以螢幕工作的辦公室	300 勒克斯（每坪流明）	150～300 勒克斯（視特定工作的性質而定）

	SLL/CIBSE	IESNA
主要以文書工作的辦公室	500 勒克斯 (每坪流明)	300～500 勒克斯 (視特定工作的性質而定)

5. 辦公室的設計步驟

・設計準備階段

　　設計準備階段主要是接受委託任務書，簽訂合約，或者根據標書要求參加投標；明確設計期限並制定設計計畫進度安排，考慮各相關工種的相互協調；明確設計任務和要求，如室內設計任務的使用性質、功能特點、設計規模、等級標準、總造價，根據任務的使用性質所需創造的室內環境氛圍、文化內涵或藝術風格等；熟悉設計相關的規範和定額標準，收集分析必要的資料和資訊，包括對現場的調查踏勘以及對同類型案例的參觀等。在簽訂合約或制定投標文件時，還包括設計進度安排，設計費率標準，即室內設計收取業主設計費占室內裝飾總投入資金的百分比。

・方案設計階段

　　方案設計階段是在設計準備階段的基礎上，進一步收集、分析、運用與設計任務相關的資料與資訊，構思立意，進行初步方案設計，深入設計，進行方案的分析比較。

・施工圖設計階段

　　施工圖設計階段需要補充施工所必要的相關平面布置、室內立面和平頂等設計圖，還包括構造節點詳細、細部大樣圖以及設備管線圖，編製施工說明和造價預算。

- 設計實施階段

設計實施階段也即是工程的施工階段。室內工程在施工前，設計人員應向施工單位進行設計意圖說明及設計圖的施工細節交辦；工程施工期間須按設計圖要求核對施工實況，有時還須根據現場實況提出對設計圖的局部修改或補充；施工結束時，會同質檢部門和建設單位進行工程驗收。

綠色環保材料

1. 材料、環境問題

「病態建築症候群」是由室內汙染物引起的，進而導致居住者經歷眼、鼻、喉和肺部刺激，以及頭痛、嗜睡和注意力不集中。綠色環保材料的使用是室內環境品質的物質基礎。

綠色環保型材料目前主要分為三種：

- 基本無毒無害型

天然的，本身沒有或極少有毒的物質、未經汙染只進行了簡單加工的裝飾材料，如石膏、滑石粉、砂石、木材及某些天然石材等。

- 低毒、低排放型

經過加工、合成等技術方法來控制有毒、有害物質的積聚和緩慢釋放，對人類健康不構成危險的裝飾材料。如甲醛釋放量較低、符合環保標準的木心板、膠合板、纖維板。

植物群落不僅無毒，反而可以吸收降低高濃度 CO_2，吸附、降解、轉化甲醛等。

- 裝飾材料

　　環保地材、環保牆材、環保牆飾、環保管材、環保漆料以及環保照明等。

2. 材料選擇

　　選擇材料的主要考慮因素是空間的預期用途和材料的視覺適應性以營造預定氛圍，根據材料的功能品質選擇材料，例如耐久性、可永續性絕緣、隔音或防火效能，並且易於維護。例如厚重、粗糙的紋理和深色不適用於兒童遊樂區，但可能會在特色餐廳營造出鄉村氛圍。設計人員應根據功能、美學、生態、經濟等因素綜合衡量進行選擇。

　　可選新型環保建材：

- 環保管材

　　塑膠金屬複合管，是替代金屬管材的高科技產品，其內外兩層均為高密度聚乙烯材料，中間為鋁，兼有塑膠與金屬的優良效能，而且不生鏽，無汙染。

- 環保牆材

　　新開發的一種加氣混凝土砌磚，可用木工工具切割成形，用一層薄砂漿砌築，表面用特殊拉紋抹平，具有阻熱蓄能效果。

- 環保牆飾

　　草壁紙、麻壁紙、紗綢壁布等產品，具有保溼、驅蟲、保健等多種功能。防霉壁紙經過化學處理，排除了壁紙在空氣潮溼或室內外溫差大時出現的發霉、發泡、滋生黴菌等現象，而且表面柔和，透氣性好。

3. 功能特點

- 適當和適合使用
- 耐用性和抗破壞性
- 易於維護
- 必要時的安全和防火
- 絕緣和聲學特性
- 法規要求的標準

4. 審美考量

- 得當的設計理念
- 表面品質,例如紋理和圖案
- 顏色和光的反射和吸收
- 視覺適應預期的心理或氛圍
- 空間的平衡、大小和比例

5. 生態學考量

- 採購的環境影響
- 高效的製造流程
- 可回收的內容(工業化和消費後)
- 可再生資源,例如可永續管理的資源
- 可回收或可重複使用的能力
- 對使用者無毒,最少化學物質排放

- 防潮並抑制生物汙染物的生長
- 引入室內智慧生態系統，建植植物群落，增添生機勃勃的生態景觀

6. 經濟因素
- 材料，運輸和安裝的初始成本
- 材料的供應
- 維護成本以及可能的更換，回收或最大程度地減少浪費（如果丟棄）
- 生命週期評估

7. 新加坡綠色環保科技產品

新加坡綠建築產品（SGBP）認證計畫旨在透過一種全面的整體方案為該行業聚集和累積廣泛的綠建築材料選擇。評估標準涵蓋了能源效率、節水效率、資源效率、健康與環境保護以及其他綠色功能的五個關鍵領域。

產品將按照規定的標準進行評分和評級。根據評估的產品環境品質，將授予從 1 級到 4 級的評分（從良好到領先）。

第四章　治理室內汙染，獨創解決方案

▍SINGRASS 室內智慧生態系統四重價值圖解

生態景觀
生態功能
SINGRASS
減少碳足跡
生態農業

生態景觀

以 27 種葉菜為主體，以 SINGRASS 室內智慧生態系統為載體，在室內環境中建植植物群落，打造室內生態景觀，有效舒緩眼疲勞、精神壓力，並愉悅心情，提高注意力集中度。

- 東南亞屬熱帶雨林氣候，陽光照到的地方都是植物的天堂。而密閉無窗或只開空調不開窗的室內環境卻是植物的地獄。因為，玻璃，尤其是貼了防晒膜的玻璃完全阻隔或折射了陽光中植物生長所需的紅光、藍光和紫外線，陽光透過窗戶傳導到室內的只剩微弱的熱能。室內照明燈燈光的波長和光強，即使 24 小時照射，植物也無法進行光合作用。

- 植物在自然環境中經過億萬年的進化，已經適應了 300 〜 400ppm 的 CO_2 濃度，可室內的 CO_2 濃度高達 1,200 〜 2,000ppm。同時，戶外

SINGRASS 室內智慧生態系統四重價值圖解

繁育的綠植移至室內空間，綠植上的病蟲害也會進入室內空間，對室內空間帶來生物汙染。

- 在自然界，植物如同人類，以群落方式生存。在室內環境中擺放的綠植，往往品種單一且分散擺放，致使植物在室內環境中難以實現：生存、生長、生物量。

生態功能

葉菜的光合作用需要 1,000 ～ 1,500ppm 的 CO_2，可以有效解決密閉無窗或只開空調不開窗室內空間中的高濃度 CO_2 汙染，達到政府的最優標準 800ppm 以下。同時，葉菜在生長過程中，會透過葉片、根鬚吸附、吸收甲醛，並利用空氣中的氮與甲醛在葉菜體內發生生化反應，使甲醛轉化為糖類物質，有效實現甲醛的降解和無害轉化。

- 人在呼吸的過程中，CO_2 在血液中的瀰散速度是 O_2 的 8 倍，很容易造成呼吸性酸中毒。高濃度 CO_2 會抑制和麻痺人的呼吸中樞，引起呼吸困難、頭暈、乏力等。

- 國際癌症研究機構（IARC）於 2004 年將甲醛提高為第一類致癌物質。接觸低劑量甲醛可引起慢性呼吸道疾病，引起鼻咽癌、結腸癌、腦瘤、月經紊亂、細胞核的基因突變，引起新生兒染色體異常、白血病，引起青少年記憶力和智力下降。在所有接觸者中，兒童和孕婦對甲醛尤為敏感，危害也就更大。

- 目前，在辦公室中，退租復原和入駐裝修交替進行，復原與裝修的過程不僅會製造垃圾和粉塵汙染，而且會製造甲醛的汙染源，甲醛在密閉無窗或只開冷氣不開窗的室內空間中的揮發期長達十至十五年。如

第四章　治理室內汙染，獨創解決方案

果室內是中央空調系統，在熱帶，晚上沒有冷氣，氣溫上升，甲醛會加速揮發。

- 吸收了甲醛的葉菜還能吃嗎？植物的生化反應過程與人體的不同，甲醛的化學元素是 H、C、O，其與氮在植物體內進行生化反應即轉化為有益的糖類物質，不再有害。某客戶的辦公室，裝修後歷時四年，甲醛濃度仍然高達 1.4ppm。SINGRASS 室內智慧生態系統布設四個月，甲醛濃度降到 0.05ppm，政府標準的上限值是 0.08ppm。

- 目前，市場中對室內環境進行空氣淨化的方式有兩種，空氣淨化機和空氣淨化劑。空氣淨化機的工作原理是過濾空氣中的液態和固態顆粒物，由於新加坡的空氣溼度非常高，水分子會與顆粒物凝結後沉降，所以幾乎沒有顆粒物汙染。家裡的空氣淨化機的過濾網會有髒東西，那是因為空氣淨化機的空氣吸入口低，而我們鼻子的呼吸氣流層絕不會那麼低。空氣淨化劑是化學藥劑，對空氣中瀰漫的甲醛、TVOC 會有中和降解作用，但會產生次生汙染物。況且，在密閉無窗的室內環境中，甲醛的揮發期長達十至十五年。

減少碳足跡

經 TÜV 提供的權威報告，SINGRASS 室內智慧生態系統生產同樣重量的葉菜，比傳統室內水培農場減少碳排放近四倍，以 27,420 噸的葉菜產量來測算，可減少 158,483 公噸的碳排放。按照一棵樹每年減少 4kg 的 CO_2 的話，相當於發揮了 39,620,000 棵樹的減碳功能。

> SINGRASS 室內智慧生態系統四重價值圖解

生態農業

- SINGRASS 室內智慧生態系統在實現了「生態景觀、生態功能和減少碳足跡」之後，可以「低投入、低能耗、零損耗」的方式生產出邊際成本為零的副產品，即「最新鮮、無公害、免溯源」的葉菜，創造可永續的都市生態農業。

- SINGRASS 室內智慧生態系統可以實現：葉菜種植場地零租金，碳肥（CO_2）零費用，空調系統零投入，冷氣電費零支出，拋棄式包裝袋零用量，冷鏈配送零能耗，採收至食用零損耗，農藥殺蟲劑零用量。

- 所謂無公害，即無「農藥、殺蟲劑、苷類物質和抗生素」。有機菜是土培蔬菜的認證標準，須在「土壤、肥料、水、空氣」四個方面達到很高的生態標準。土壤，隨著工業化、城市化的推進，達標的土壤很難找到，除非在原始森林。肥料，往往用禽畜養殖場的禽畜糞便厭氧發酵製作，由於禽畜養殖場高密度養殖，為了防範流行病發生，往往在飼料中加入抗生素。水，往往直接使用地下水，而不是自來水。空氣，不少有機農場為了節約交通費用，建在高速公路旁邊，車輛的尾氣和輪胎微屑會汙染空氣。

- 葉菜富含多種維生素、微量元素和膳食纖維，對改善新陳代謝、高膽固醇血症、高血糖血症具有明顯的效果。葉菜，在最新鮮的時候食用才能保證其含有的各種營養物質有效攝取，否則會在物流配送和切配加工過程中流失殆盡。

- 糖尿病，是新加坡的高發病，每九個人就有一位是糖尿病患者，其主要原因是飲食中糖的攝取量太高，同時水果越來越甜，根莖類蔬菜富含澱粉，瓜果類蔬菜越來越像水果，而富含多種維生素、礦物質、膳

第四章　治理室內汙染，獨創解決方案

食纖維的葉菜的攝取量卻太低，每人平均年食用量僅約 8 公斤。提高大眾的葉菜攝取量，同時減少糖和富含糖分的瓜果蔬菜會從根本上改善大眾的身體健康。

第五章
「學習與思考」創業心得摘錄

▋推薦語

　　這本書細述了一位企業家在艱辛的創業旅程中，鮮為人知的酸甜苦辣的經歷。作者從鋼鐵行業到共享空間，後再進入室內生態環境產業。這段起伏波折的過程，激勵人心的故事，向有意創業的人提供了寶貴和實際的經驗分享和啟發。在創業的道路上，勇於面對困難和挑戰，不屈不撓，越戰越勇的精神，是一個成功企業家必備的特性。

　　此書深入地分析了 SINGRASS 如何透過室內智慧生態系統，改善室內空間的環境和空氣品質，打造一個綠色、可永續性且健康的工作空間，同時，它也能利用室內的冷氣和排出的二氧化碳，來培植綠色的葉菜植物。這互惠互補的室內生態循環系統，能減碳和減少糧食的依賴性，為推動新加坡的「大自然中的城市」願景，增添一項能為辦公大樓建築脫碳的方案。

—— 程天富博士
新加坡國立大學商學院房地產系教務長講席教授

　　在感慨和讚嘆聲中，一字一句讀完了全部書稿。讓我終於知道了，瑞武校友的第二次創業，原來是基於他對人性和社會生產本質屬性的深刻認識，是基於他對室內綠色生態系統技術和知識的深度了解，是基於他對共享辦公商業模式和業態營維的深邃思考，而絕對不是一次急忙的決定！這

第五章 「學習與思考」創業心得摘錄

本書,也絕不是一本僅僅講述他如何獲得第二次創業成功的書籍,而是一部以他的第二次創業為案例,教大家如何去做人,如何去思考,如何去創業的教科書。把這些心得體會和過程毫無保留和如實地寫出來,昭告天下,需要勇氣,需要才氣,更需要大愛!這也是本書最功德無量,最讓人感動和感恩的亮點!

——文泉

南洋理工大學駐外辦公室主任

我一直有一個執念,那就是要在哪一行創業,就要成為這一行的行家裡手,哪怕當不了專家,也要當一個行家。而要當一個行家,最好的辦法就是邊學邊做、邊做邊學,不斷地自我提升。因此,自第二次創業以來,我從未中斷過學習,期間記下了超過 34 萬字的閱讀筆記與思考心得,名為「學習與思考」。

「學習與思考」的每一篇出來後,我都會及時與另外兩位創始人分享,成為我們共同的學習資料和思考素材,並針對不同觀點進行討論。以期集思廣益、群策群力,達成一致的目標、理念和經營原則,共同推動我們自身的提升和公司的發展,實現共同成長,形成領導核心,帶領員工一起創業。

創業是一本永遠也讀不完的書,現將「學習與思考」部分思考心得摘錄如下,與有志創業者共勉。

觀自我

一、人本・環境・健康

- 我們一定要堅守共享辦公的業態本質:人工作的室內空間,而不是企業的辦公場所!堅守以人的身心健康為本!堅守綠色、自然、低碳、宜居的辦公環境和完備的辦公功能,剔除譁眾取寵的設施和功能!

- 目前,幾乎所有的辦公室室內裝修都停留在「裝點綠植和藝術裝飾」層面。如果這樣,綠植的效用也只是形色上的裝點。在室內沒有植物群落建植,沒有達到足夠的生物量,綠植就難以達成足夠的光合作用,對人和環境很難產生有益的正面影響。因此,這方面的市場潛力龐大,這也正是我們的專業所長。

- 人就是這樣,想的、說的、做的和最終的結果往往大相逕庭。許多人只是口頭上說說而已,未必去認真思考,也未必去較真、刨根究底,更未必去求真、落到實處。而這,卻是我們的優勢和長處。我們要以這樣認真、較真、求真的態度做好室內環境生態最佳化。

- 室內環境植物群落建植就像中醫看病,在望聞問切等生態勘測之後,依據生態評估結果篩選植物品種,確定各種植物的數量和小、中、大植物群落的品種配比及建植方式。植物群落是優質室內環境的生態基礎。

- 生態是體面,健康是財富。所謂大健康,環境是基礎。

二、目標・本質

- 企圖無所不能,必將一無是處。專業才有價值。我們的目標是:打造宜居辦公空間,提供專業辦公服務。

第五章　「學習與思考」創業心得摘錄

- 共享辦公空間的業態本質是「人工作的室內空間」，我們不能在空間中附設餐廳、咖啡座、健身房、托兒所、天臺泳池和酒廊，而是要在選擇物業時盡可能包括這些設施或離這些公共設施近。人是情境動物，切忌圈養。

- 只有高層次的目標和崇高理念才可能被廣泛認同，我為人人，人人為我。廣泛認同，首先要得到全體同仁的認同，或者以此為標準來篩選加盟者。同時要得到社會大眾或目標客群的認同，社會大眾的認同會營造出良好的外部環境，目標客群的認同會帶來源源不斷的訂單。

- 特許經營模式需要足夠的品牌影響力支撐，但只要我們建立起獨特的、客戶認同的價值體系，就可以拓展這個模式。比如，我們與擁有超過 100 年歷史的新加坡游泳俱樂部合作開發生態共享辦公空間就是一個範例。

三、客戶・需求

- 對 O2WORK 而言，所謂客戶包括：全體員工、所有供應商和全部會員。我們必須時刻站在客戶的角度對照、衡量自己，必須時刻關注客戶的需求。

- 我們要時刻想著：客戶為什麼會選擇我們？客戶為什麼會續租？我們與其他共享辦公空間到底有哪些不同？我們的優勢是否可以保持並不斷提升？我們的優勢如何保持並不斷提升？

- 創新是永恆的主題，如何創新？一定要圍繞客戶的需求來創新，絕不能想當然。我們只有頻繁、深入地進行市場調查，與客戶深入交流，才能了解清楚客戶的核心需求。

- 無論客戶提出的預算是多少，我們一定要牢牢抓住。其實，客戶對於不同大廈的租金水準比我們更了解，其作為租戶，向同業詢價時可以得到真實的報價，而我們則往往被同業官網的報價迷惑！
- 讓不懂生態學的人做室內設計、裝修，讓不懂美學、生態學、設計和裝修的人落實辦公室的選址、設計和裝修，其結果可想而知。O2WORK 定位於室內環境生態管家，就要不斷提升以上各方面的專業能力，向客戶提供宜居、靈活、經濟的生態辦公空間。
- 只要我們的全體同仁能夠付出不亞於任何人的努力，以客戶為中心，以客戶的身心健康為中心，就可以洞察業態本質，就可以緊緊圍繞客戶的需求來設計和建造生態共享辦公空間，就可以動態掌握同業的優勢和價格配套，而且可以針對不同客戶的各式各樣的個性化需求來制定適宜的價格配套。

四、人才‧文化‧服務

- 在業務合作過程中，接觸到各式各樣的人，哪些人讓你留下專業的印象，甚至讓你欽佩，將來就有可能加入我們。我們一定要在與外部人員的接觸中努力尋找這樣的人才。
- 所謂精細化營運管理能力，最重要的核心是自主培養的認同公司理念、使命且具備專業知識、掌握專業能力的專業人才。我們在動態最佳化規程、流程的同時，一定要做好員工培訓。培訓不是講課，培訓是操作訓練。
- 企業需要穩步推進，形成自己特有的制度、流程和文化、文化認同踐行者，以此為核心，逐步擴大核心，擴大團隊，擴大事業。

第五章 「學習與思考」創業心得摘錄

- 共享辦公空間的服務是什麼？絕不是服務項目越多越好，而是服務態度越熱情越好，服務技能越專業越好，服務品質越高越好。共享辦公空間服務品質的核心是空間社區工作人員的徵選、培訓和考核！
- 要留住員工，唯有依靠企業文化——彼此信任的企業文化，同心共創的企業文化。
- 有什麼樣的員工，就提供什麼樣的服務。要提供什麼樣的服務，就找到什麼樣的員工，二者相輔相成。員工必須具備服務意識，具有付出在先的態度。否則，難以培訓成我們需要的樣子。
- 市場競爭是殘酷的，優勝劣汰每天都在上演，但百年、千年不倒的品牌也並不少見。其關鍵在於企業的創始人是否胸懷大義名分的目標，是否樹立了「以人為本，以員工為本，以客戶為本」的理念，是否建立了人才輩出的機制，產品和服務是否始終針對客戶的需求。

五、管理・培訓・考核

- 沒有培訓，難有人才；沒有檢查，就沒有管理。
- 沒有計畫，如何總結？沒有總結，何談提高。
- 我們定位每一個空間的社區工作人員都是經營者，在徵選時要以「踏實、勤奮、服務意識」篩選人才，要想他們能夠勝任工作，必須透過培訓使他們具備經營者的認知，這是基礎和根本。
- 事在人為，企無人則止。尤其對於 O2WORK 這樣的服務業態，一定要注重人才的招培考核，一定要注重團隊凝聚力的打造，一定要不斷增強行銷能力。
- 對於 O2WORK，員工的培訓切忌照本宣科和填鴨式灌輸，無論理念

> 觀自我

還是技能，都要由員工自己來學、來思考、來做，管理者要做教練而不是教師。

- 如果我們把員工當創業夥伴，如果員工認同我們共同的目標，管理就會變得很簡單。

- 我們三位創始人已經確立了企業的願景、使命、核心價值觀和目標，接下來就要透過我們的身體力行來打造企業文化，而這一切都要讓已有的員工參與其中，使他們和我們一樣發自內心認同公司的目標、使命和理念。並透過這個過程使已有員工成為我們的同仁，而後再透過他們的身體力行向新員工進行傳幫帶。如此方可形成人才輩出的機制，公司才能獲得成功。

- 新員工進入實習階段，不僅要學習很多的專業資料，而且要對同業空間進行細膩地考察研究，對自己的空間進行認真地資產盤點和每個房間的賣點整理。這樣，不僅可以發現員工的能力，同時在此過程中進行理念和技能的培訓也就順其自然，不僅針對性強，員工也樂於接受。

- 作為公司的創始人，一定要與一線員工多待在一起，一方面考察其工作，一方面指導督促其工作，同時了解其困難，給予及時的幫助。

- 作為 O2WORK 的創始人，要在公司中營造暢所欲言的氛圍，要引領員工形成勤奮刻苦的創業精神。要身教，而不是說教。要「跟我上」，而不是「給我上」。今後，我們開會要盡可能在工作現場。

- 員工是人，而人不是機器。所以，最有效的員工考核方式其實就是透過密切的接觸，進行有意識地觀察、互動來評估和考核。同時，利用阿米巴經營模式推展單位時間附加價值的核算。

六、競爭・合作

- 共享辦公空間是連鎖業態，需要有足夠的空間數量和區域布局。我們要透過以下幾種模式快速增加生態共享辦公空間，一方面要與業主合作，一方面租賃物業，一方面與已有的共享辦公品牌發展合作。
- 我們花錢向供應商購買產品或服務是處於主動的地位，要想辦法壓低價格，爭取更好的服務配套，但要保證按時向供應商支付貨款，這樣才能取信於人。
- 要尋找優秀的競爭夥伴，一邊學習，一邊競合。這是重要的策略定位，不要企圖整個市場唯我獨尊。不同發展階段要更換不同的競爭夥伴，但不要想著「我是天下第一」。
- 在與同業的競爭中，一定要守住行業的底線，不能無限度競爭。要在加值服務上下工夫，要比同業的價格高一些，但不能超過30%。或者與同業的價格一樣，但比同業的體驗好。所謂體驗，一方面是空間的硬體，一方面是社區工作人員的服務。
- 生態共享辦公和室內環境生態最佳化是一個藍海市場，但沒有堅定的信心和堅強的意志，仍然難以成功。因為，市場經濟從來不缺乏競爭者。

七、細節・基本功・行家

- 我們常常會覺得許多事瑣碎、麻煩，常常會不耐煩。這是我們成長的桎梏。習慣改變命運，細微之處見工夫，細節決定成敗。所有的事業都取決於做好細枝末節的能力的日積月累，企圖一招致勝是痴心妄想！
- 凡事豫則立，不豫則廢。一定要練好基本功，基本功不扎實，不僅難

以快速發展，還會栽跟頭。那麼，如何練好基本功呢？最簡單的就是把工作中的每一件小事、每一個細節都認真做好。

- 從來就沒有「錢多、事少、離家近」的好事，也從來沒有輕輕鬆鬆賺大錢的機會。如果真的有，那也是過眼雲煙。

- 隨著工作的逐步深入，就要對各項操作規程進行動態最佳化。隨著對工作脈絡的清晰了解和流程中關鍵點的準確掌握，就可以對操作規程化繁為簡，只有簡明扼要的操作規程才容易讓新員工快速掌握。管理其實與行銷一樣，都是人與人之間的溝通和互動。

- 經營企業不是扮家家酒，絕不是名頭越多越好。經營企業的基本原則是：可以由一個人做，就不要配兩個人；可以由一個職位做，就不要設兩個職位；可以由幾個職位做，就不要設部門；可以由部門做，就不要設事業部；可以由事業部做，就不要設子公司。

- 就生態共享辦公空間而言，室內環境植物群落建植的專業知識，生態設計的專業知識，生態最佳化的技術、產品和設備，室內設計的注意事項，裝修的注意事項都要熟練掌握，否則，就禁不起客戶的考問和同業的競爭。

- 任何行業或工作都有三個層面的人才，最高的是專家、第二的是行家、第三的是熟手。我們是很難成為專家的，但絕不能是外行，僅僅是熟手也不夠，而必須是行家裡手！

- 專業化一定是根基，而多元化只能是在根基之上的有限延展。

- 無論什麼時候，光憑美好的夢想是不會有任何收穫的，朝著既定的方向執著向前，邊學邊做，邊做邊學，才能把想法落到實處，也才能收到實效。

八、行銷・品牌・廣告

- 要強化「體驗行銷 × 專業行銷 × 口碑行銷」，O2WORK 和 SIN-GRASS 都是如此。客戶身臨其境，實景體驗，再輔以我們的專業講解，自然會口口相傳。

- 行銷的完整定義是：快速、精準地找到客戶，以恰當的方式方法向其介紹我們的產品和服務，從而取信於客戶。

- 對於行銷而言，首先要選定目標客戶，確定了目標客戶後，就要想盡一切辦法行銷成功。如果沒有這樣的信心和決心，那什麼事情也做不成！因為，競爭無處不在，機會稍縱即逝！

- 切記：我們所接觸到的每一個人，蒞臨 O2WORK 生態辦公空間的每一位訪客，都要細心、熱情地服務，都要讓他們獲得美好的體驗。來到空間的每一位客人，都要送給他們一個禮品，哪怕是一個帆布袋，一袋葉菜，一包紙巾。

- 廣告的特性是：效果不斷遞減，費用不斷攀升，但卻不能停，一停就會帶來極其嚴重的負面影響，就像吸毒！無論是媒體廣告還是網路廣告都一樣。因此，我們必須跳出這種可怕的依賴性，讓每個員工都成為品牌宣傳員。品牌需要全體同仁精心呵護，細心培育，日復一日，永續不斷。

觀業態

觀業態

一、以人為本・聚焦工作

- O2WORK 生態辦公空間中無論進行什麼樣的創新，都要牢記「人工作的室內空間」這個根本前提，切忌弄成最不像辦公室的地方。

- 共享辦公空間到底是什麼？O2WORK 定位為「人工作的室內空間」，人是指選擇在 CBD 辦公的各行各業的上班族員工和老闆們，「工作」是指空間的氛圍、設施、功能要緊緊圍繞工作本身，「室內空間」是指因密閉無窗而與自然植被隔絕的室內環境，這樣的空間正是我們改造的目標。

- 共享辦公空間，其本質是人工作的地方。除了工作的環境、設施、氛圍外，同樣也會涉及其他生活設施、體驗、服務，但一定要免費。試圖把共享辦公空間打造成大而全、小而全的雜貨店，從會員身上榨取每一個銅板，是極其不理智的！

- 把辦公室變成人的生活場所是一種缺乏人性關懷的深度壓榨！人不是永動機，只要環境、條件具備，按下電鈕就可以不停地工作。人是群體性情景動物，需要和家人、朋友去公園散步，去電影院看電影，去餐廳品味美食，去購物中心和超市體驗購物的快樂，也需要詩和遠方。

- 共享辦公空間內一定要聚焦工作，本物業或近處配套設施則一定要全面，包括：食閣、餐廳、咖啡店、酒吧、健身房、幼兒園等生活設施。在新加坡，就是要臨近地鐵站及購物中心。

- 任何業態都有其本質，任何業態必將回歸其本質。共享辦公空間可以

第五章　「學習與思考」創業心得摘錄

讓人感到輕鬆、舒適、精力充沛、思緒活躍，但絕不能搞出度假的體驗，那是譁眾取寵，無法永續！

- 選擇共享辦公空間的企業往往是以人為本的企業，即老闆視員工為人力資源或人力資本。如果老闆視員工為勞動力，或者是傳統的勞動密集型行業，就不會選擇共享辦公空間。

- 共享辦公營運商到底是做什麼的？我們認為是精細化辦公服務的供應商，不僅提供人性化的宜居辦公空間，同時提供基礎性的專業辦公服務。

- 共享辦公空間營運商提供的是專業的辦公服務，包括：辦公空間的設計、建造、營運、維護，企業成立、營運過程中所需要的註冊、祕書、財務、審計、法務等基礎性專業服務，除此之外的所謂賦能、服務都是一廂情願地添亂，是黃鼠狼給雞拜年，沒安好心。全生態圈的概念是痴人說夢。

- 共享辦公營運商為什麼不能專注於為客戶打造更好的辦公空間呢？以網際網路思維和模式做聯合辦公空間，從一開始就跑偏了，虧本賺流量，想著依靠未來的流量和所謂的加值服務賺大錢，結果把客戶搞得不想付費或不想付合理的費用。

二、裝修．設計．選址．布局

- 共享辦公空間是一個個性化連鎖業態，每一個空間的設計、裝修、面積、功能配置都要依據物業所處的區位和點位有所區別，千篇一律就回到了傳統辦公室的模式。

- 共享辦公空間不僅為年輕的創業者和大中型企業降低了辦公成本，而

且為大中型企業和創業者大幅提升了辦公空間的美感、生態價值和社區價值。

- 共享辦公空間的設計感、空間布局、功能配置，要與當地文化、國際時尚、人的身心健康需求和辦公設施、設備融合起來，而且要簡潔大氣，要禁得起「審美疲勞」。因為，設計裝修費用是共享辦公空間一次性投入金額最大的成本，盡可能用五年攤銷。

- 任何生意要想賺錢，都必須做到「銷售最大化和費用最小化」，共享辦公空間的租期長，如果租金被高位鎖定將難以盈利。共享辦公空間的設計裝修費用一次性集中支付，如果成本高且設計裝修效果差，也就注定難以盈利。

- 共享辦公空間往往在 CBD 選址，CBD 區域的企業在一個城市甚至一個國家是最有代表性的，所以營運共享辦公空間一定要關注一個城市和一個國家的經濟結構和變化趨勢，這樣才能及時滿足「新貴」企業們的辦公需求。

- 共享辦公空間不僅要有足夠的豐富度，而且要布局合理。不同區位、點位聚集著不同特性的客戶，其核心需求不同，空間的設計和功能就要相應地調整。

- 對於共享辦公空間營運商，不要強調有多少個空間，多大面積，而是要時刻關注已經入駐會員企業的滿意度、續租率。

- 共享辦公空間在一個城市要達到十個以上的豐富度，才能開發第二個城市。否則，每個城市都零星布局，每個城市的客戶都抓不住，而且造成空間的物業租金談判、設計裝修成本、營運管理成本、營運管理難度都難以掌控，最終無法盈利。簡單的跑馬圈地，必然是竹籃打水一場空。

第五章 「學習與思考」創業心得摘錄

- 共享辦公空間營運商要在空間的選址、美學、生態學方面多下工夫，所謂的智慧化應該由各家會員依據自身的需求來解決，空間配置好基礎設施設備即可。空間營運商為會員打造線上網路平臺，是一廂情願地瞎忙。
- 在共享辦公空間中如何管理干擾？首先，開放區域、活動場地與獨立辦公室區域要隔開。同時，在獨立辦公室區域，靠近休閒區和會議室的獨立辦公室，其玻璃貼膜要設計零星透光的圖案，使可視度最小化。
- 共享辦公空間的優勢在於對目標客戶有足夠的了解，順勢而為，即在目標客群聚集的地方選址，而不是選一個自以為最好的地方企圖依靠所謂的調性、設計感把客戶吸引過來。
- 共享辦公空間對於辦公室物業的選擇很重要，CBD 核心區域的 A 級辦公室不適合共享辦公空間。為什麼呢？因為最高級的辦公室中，入駐的公司一定不差錢，這些公司要麼是自己租賃整層的獨立辦公室，要麼是自己租賃一層中的部分面積，絕大部分不會選擇共享辦公空間。這些公司對於經濟價值和社區價值不重視，但對生態價值感興趣。
- 個性化的內涵不僅僅是調性，個性化要圍繞「區位、商圈、點位、大廈、樓層、客群」來定位，要進行「傳統與時尚、調性與耐久」的系統統一。

三、經濟價值・經營理念

- 共享辦公空間的優勢：一是靈活性，租期從一小時、一天、一週、一個月、三個月到六個月，一年及以上都可以；辦公桌座位從靈活座

位、固定座位到各種戶型的獨立辦公室應有盡有。二是便利性，無須看房、設計、裝修、復原，拎包入住、拎包退租；經濟性，空間和資源的集約化利用，大幅節約辦公費用。

- 任何一個業態，具有足夠的市場空間才能生存發展。共享辦公空間的經濟價值是第一位的，其次才是生態價值和社區價值。否則，只能是極少數人的精神家園，是高級俱樂部，而不是共享辦公空間。
- 共享辦公空間是 2B 的業態，品牌在客戶的心中，口碑需要客戶來傳播，在空間中到處放營運商的品牌標識是違背商業倫理的行為，是 2C 行銷手段的濫用。
- 共享經濟的核心所在，是擁有者弱化擁有權，讓使用者獲得擁有者的感受和體驗。如果資源擁有者試圖強化其擁有權，就很難和使用者拉近心理距離，使用者也難以接受這種產品或服務。
- 共享辦公空間追求差異化要緊緊圍繞人的身心健康來考慮，來尋找突破，而不是簡單的東拉西扯，生拉硬扯，把共享辦公空間搞得最不像辦公室。
- 對於共享辦公空間而言，其營運模式類似於餐飲，翻桌率是關鍵，而空置是最大的浪費。
- 真正在共享辦公空間中辦公的企業，其需要的是「免打擾」，他們需要社區人員提供的服務實在是太少了！社區人員只要把空間及其設施維護好，把室內智慧生態系統養護好就可以了。
- 快速消費品電商公司容易獲得購銷雙方的大數據，而共享辦公空間營運商很難獲得會員企業和個人的大數據。因此，試圖以 2C 的網際網路模式做共享辦公空間，是行不通的。

第五章 「學習與思考」創業心得摘錄

▎觀同業

一、定位・主業

- 一些大品牌共享辦公空間營運商至今不願意接受「二房東」的定位，一直試圖把自己裝扮成一家網際網路公司，現在也想充分利用已有的空間資產，但想把空間作為電商的「轉運站和倉庫」，這其實把空間資產給玩貶值了。正如一間在鬧區的房子，是用來做辦公室、做餐廳、做咖啡館、做美甲店、做按摩店還是做倉庫？

- 第一間 NeueHouse 在紐約麥迪遜廣場，是一個充滿藝術的共享空間，經過了兩年的設計、裝修和準備，2013 年開業，2015 年拿到了 2,500 萬美元的投資。經過兩年設計裝修的充滿藝術感的共享辦公空間，正如只面向女性提供服務的共享辦公空間一樣，是難以複製擴張的。因為，這樣的客群太小了。

- 許多同業都是標榜空間提供服務的價值，其實這是一廂情願的想法，絕大部分有價值的客戶僅僅是來辦公的，不是來創業創新的，不需要那些所謂的加值服務，而創業創新的客戶不僅難以久留，而且只能支付低廉的費用。

- 共享辦公行業是創新的精細化辦公服務行業，而房地產商是資本密集型行業，物業公司是設施、設備養護維修和清潔服務行業，其中從業人員及決策者的認知、心態和決策邏輯都有很大差異。

二、格局・配置・成本・效益

- WeWork 的空間產出與其房租、裝修等的成本投入和名目繁多的免費服務之間難以持平，靠燒錢吸引流量，靠流量上市圈錢，已經行不通了。

- WeWork 在 5 個城市布局了 49 個空間，近 4 萬個辦公桌座位，單個城市近 10 個空間，單個空間平均 816 個辦公桌座位，這樣的布局比某品牌的更為科學合理。某品牌在 11 個城市布局了 57 個空間，單個城市也就 5 個空間，單個空間平均 700 多個辦公桌座位。從空間規模而言，兩家的規模差不多，但 WeWork 的坪效比較好。

- 某品牌的獨立小戶型辦公室，即所謂的超級工作室，聽起來不錯，符合華人的偏好。但是，在實際營運過程中，這樣針對某個客戶特製打造的獨立辦公空間，一旦退租，就會出現長期的空置。因為，恰好同樣規模、同樣審美偏好的另一家公司很難完美對接。

- 許多共享辦公品牌都聲稱提供智慧化辦公，但入駐共享辦公空間的中小微企業一般都不需要這些東西。而且，一些專業軟體公司都會免費提供使用，大型企業的分支機構又有集團化的管理系統。客戶不僅不會買單，而且不會使用。

- 某品牌盲目地以「調性」來吸引客群，這導致設計裝修費高昂，而且使空間的調性越來越偏離辦公空間應有的氛圍。同時，其忘記了「審美疲勞」效應，再有調性的設計裝修，半年後就讓人覺得稀鬆平常。

- 風險的積聚需要一個過程，某品牌從不計盈虧進行擴張開始就注定了這樣的結局，疫情只是壓垮它的最後一根稻草。

- 某品牌在做服務式辦公時就優選了設計裝修公司發展排他性合作模

式，這是很精明的做法。這不僅可以把他認為好的設計師鎖定，同時可以讓市場中的同業跟隨者不能很快了解設計與裝修的細節，構築了競爭壁壘。

- 某品牌的區位不錯、點位不好、裝修很差，但對客戶而言降低了交通費用、用餐費用等，也有很好的入住率。所以，區位、點位、物業、裝修等只要與客戶的特點和需求相吻合，就會有客戶入駐。
- 某品牌四年間在九個城市開設了 24 個空間，雖然空間數量不少，但由於分布太散，導致難以節約設計和裝修費用。如果把 24 個空間集中於大城市，局面應該完全不同！
- Industrious 是美國共享辦公行業中一個極為特殊的存在，其採取了與業主合作而不是租賃的方式，這種模式一開始推進的速度會慢，一旦獲得了業主的信任，就可以低成本快速發展了。

三、學習・成長

- 要從物業選址、設計與裝修、如何節約費用、社區活動和如何創收等方面向同業進行深度學習。向同業學習是一項永續的工作，好的要學習思路和方法，差的要避免前車之鑑。
- 要密切關注同業和行業的報導和專業資料，並進行現場考察學習，這樣才能準確掌握業態本質和行業趨勢。
- 決策的依據是客戶的需求，客戶的潛在需求。向同業學習需要批判地繼承，切忌照搬照抄。我們要始終圍繞「人工作的室內空間」推展室內環境的勘察評估、設計、最佳化和植物群落建植，這樣才能保證決策正確。

- 同業之間的合作非常難，尤其對方已經獲得了一定的業績。對我們而言，首先要使自身足夠優秀，這是基礎。合作從來都是優勢互補，需要門當戶對。
- 某品牌特地設立了「大中企業客製」這樣的區塊，而且確實拿到了知名飯店集團辦公大樓的訂單，我們也要重視此類業務，即開發「室內環境生態設計和生態最佳化一站式服務」。
- 星巴克一直區別於麥當勞、肯德基之類的標準連鎖餐飲模式，是個性化連鎖模式。而共享辦公空間也屬於個性化連鎖模式，所以共享辦公空間需要向星巴克學習。
- 只有能夠同時為業主增值、為租戶增值、為政府增值，才是好的商業模式。Industrious 之所以能夠取信於這些實力雄厚的房地產商，依靠的是一個個成功專案的累積。

觀人心

一、服務・感情・歸屬感

- 所有服務於人的產品，其核心都是人的感官體驗和人的心靈感受，感官的審美六個月就會出現疲勞，只有抓住人心才能獲得基業長青，而人心需要人心來換。
- 人是有人心和人性的，如果把人當成一種生產資料來評估是違背人性的。人與人面對面接觸、交流、協助、工作是人性使然，人與人在一起的腦力激盪才能有效激發靈感。

第五章 「學習與思考」創業心得摘錄

- 客戶是人，社區工作人員是人，留住客戶並獲得口碑效應的關鍵是社區工作人員的專業素養和服務能力。

- 必須精準地掌握產品和服務的特點、亮點，精準地掌握客戶的需求和痛點，精準地找到二者之間的連接點。可是，如何做到呢？需要深入到產品的市場一線，與生產人員、原料、設備、產品、客戶培養感情，只有用心對待這些人和物，才能夠做到精準。

- 上班族的需求是豐富多彩的，無論什麼樣的空間設計、服務內容都會吸引到一些人的喜歡，但是，作為一份事業，一定要考慮這樣的設計、服務是否可以複製，複製後是否能夠獲得很多人的喜歡。

- 辦公室的物理空間和一棟住宅一樣，是會凝聚情感的。人作為擁有理性和情感的高等動物，需要與人、與辦公室和住宅建立感情寄託。愛屋及烏。否則，人即使不瘋掉，至少也會憂鬱的。

- 由於盈利性要求，共享辦公空間的設計感絕不能過度花俏，一定要禁得起至少五年的審美疲勞考驗，設施設備的養護也要禁得起五年的折舊。同時，空間的社區工作人員一定要穩定，讓入駐的會員產生親切感和歸屬感。否則，客戶來得快，走得也快，就難以盈利。

- 人需要被關注，但很少有人喜歡像明星或公眾人物一樣被所有人盯著審視。在這種不自然的、焦慮的狀態中，往往難以集中注意力參與到視訊會議之中。

- 品牌之所以難以建立，是因為品牌要建立在客戶的心中。品牌只有在客戶的心中扎根，客戶才會說出品牌的名稱和好感，這就是口碑。客戶是誰？客戶不是虛無的企業名稱，而是一個個活生生的人。

二、信任‧踏實

- 累積專業知識，累積專業能力，還要累積彼此間的信任！

- 適者為才，切忌人才高消費。人與人共事，信任是前提。新員工對公司的使命、願景、價值觀、發展目標和對公司創始人的認同至關重要。

- 選人育人是一項長期的任務，需要一步一步穩步推進。所謂的捷徑就是儘早開始，堅持不懈。因為知人知面不知心，沒有長時間的充分交流和共事，根本無法判斷一個人的品格和能力。

- 管理者不是人人都適合做的，愛說不愛做的人就不適合，私心重的人就不適合，不願意身先士卒學習新知識、新技能卻愛賣弄老資格的人就不適合。踏實、上進、勤奮才是重要的品格。

- 管理人員讓他人尊敬的基礎條件是人格和見識，假設人格和見識都不夠層次，那麼唯一能用來填補不足的就只有謙虛、認真和誠懇的態度了。

- 讀了EMBA的老闆學習歸來，很少有老闆急著深入一線去了解自己的員工、產品和客戶，而是急著組織管理人員和員工訓話，試圖把那些上課學到的所謂高端時尚進步的思路、模式、方法硬塞給團隊，其結果必然是管理人員和員工越來越糊塗，老闆自己越來越生氣，最終眾叛親離。

第五章　「學習與思考」創業心得摘錄

觀天下

一、國情・商機

- 東南亞的老百姓追求的是吃喝玩樂，印尼的年輕人每人有 2 至 3 部手機，手機是重要的娛樂工具。

- 東南亞各國不是一體化的市場，而是一個個區塊化市場。所以，企業要進軍海外的話，還是首選新加坡作為第一站，把東南亞或海外總部設在新加坡，再逐步拓展其他東盟國家的市場比較穩妥。

- 由於新加坡的商業物業集中度很高，業主對網路經濟的認同度較低，使得共享辦公營運商的投資營運較為理性，重視租金差，大部分的營運商是盈虧平衡或盈利的。共享辦公空間的鼻祖 WeWork 除北美市場外，新加坡公司的營運狀況最好。

二、風險・務實

- 一些成功人士普遍存在「高消費綜合症」，比如去一些國家參觀考察，常常覺得這些地方已經很落後，因為沒有最新最高的摩天大樓。殊不知，小店鋪變成摩天大樓會把許多傳統產業徹底摧毀！

- 過去，一直以為加班是華人特有的，慢慢才知道日本人更是如此。後來才知道，美國企業也是這樣。原來，要想成就一番事業，慢慢吞吞、拖拖拉拉、馬馬虎虎，無論做什麼，無論在哪裡，都將是笑話！因為，比你聰明且勤奮的人有的是！

- 日本的豐田一直倡導讓最普通的人才造出最好的汽車。美國在二戰期間，已經由黑人大嬸在高科技生產線上裝配飛彈。企業切忌人才高消

費!一方面高階人才的薪酬待遇高,一方面大學以上學歷的人才難以穩定在基礎職位,且很容易流失,這樣就使企業的人力費用很高,且這些人才的流失又會打擊普通員工的積極性。

- 主業還沒有形成規模優勢和核心價值就想要多元化經營,這是非常危險的。房地產仲介行業經歷了上百年的歷史,才圍繞房地產形成了比較全面的服務體系,也沒有去投資房地產專案。
- 存在即有理由,但未必合理。2017 年至 2018 年的共享辦公行業,就像一群蒙著眼的投資者對一群裸奔的營運商下注,投資多少的依據是裸奔的人的口號夠不夠響亮,腔調夠不夠動人。
- 資本退潮了,騙人和缺乏盈利能力的所謂新興行業紛紛爆雷。無論什麼時代,無論什麼行業,為客戶創造價值和盈利是企業生存的根本。
- 無論任何行業、企業,生存發展的根本是盈利,無法盈利便無法生存。某電商是第一家盈利的電商平臺,所以其活了下來並成為老大。
- IBM 從 1983 年就開始推行居家辦公,但 2017 年卻以失敗而告終。這世界,最終的消費者都是人,不願意和人接觸卻想把產品或服務賣給別人,這可能嗎?
- 任何行業都是如此,只有在入行時搞清楚業態的本質,堅守本質,夯實基礎,循序漸進,才能健康發展。簡單模仿要不得,跟風趕時髦要不得,盲目融資燒錢要不得,玩噱頭騙人更要不得。

三、國際化・本地化

- 正如星巴克與肯德基在專業化發展的過程中不斷融入了本地化,共享辦公空間在跨國發展過程中,也要在設計風格等方面融入本地化元素。

第五章 「學習與思考」創業心得摘錄

- 國際化就是本地化，而最重要的本地化首先是人力、行政負責人的本地化。
- 為什麼不去強化營運服務，而是空談海外發展？海外不需要營運服務？還是眼不見心不煩？把人當人，把共享辦公當事業，就要首先解決營運服務的問題，首先解決營運服務的人員素養問題。否則，爬得越高，摔得越慘！
- IWG已經全面發展特許經營模式。我們不急，一步一步穩步推進。一方面要把空間設計規範的數位化體系建立起來，一方面要進一步最佳化空間各項工作的操作規程，一方面與國際地產基金和國際地產集團建立合作。

觀未來

一、生態價值・個性化

- 隨著大眾對「室內環境汙染」的了解和重視，「綠色、自然、低碳、宜居」的生態價值將成為企業選擇辦公空間的核心價值。
- 未來的共享辦公空間要兼具「經濟價值、社區價值和生態價值」，缺一不可。
- 資本回歸理性之後，共享辦公營運商和整個市場也要逐步回歸理性了。隨著營運商與業主、設計裝修商和租戶的反覆溝通，物業租金及租約條款、設計裝修的標準及費用、空間中各種辦公桌座位與產品的價格配套都將回歸理性。

觀未來

- 人類突飛猛進地改變的不是人類本身，也不是生活方式、工作方式、產業生態和教育教學，而是大自然的生態環境。自工業革命以來，人類的所有科技創新與發明都是對人類賴以生存的自然環境快速而嚴重的破壞。
- 共享辦公的未來應該是：個性化連鎖，全球化社區。
- 目前，共享辦公空間從專業的層面提供人人喜歡的開放空間，獨立辦公室內缺乏設計感，也沒有預留出員工自己可以裝飾的空間，這將是我們接下來的機會。
- 共享辦公空間是由專業化的公司以最新的環境科技、辦公科技、室內設計、傳統與時尚結合為基礎打造的人們辦公的室內空間，是有區域性的，規模化也是以個性化為前提的。如果認為像快速消費品一樣的快速大規模鋪貨、布點就可以占領市場，那注定會失敗。
- 在全球一線城市中，傳統辦公再有10年以上，應該會退居非主導；未來，共享辦公、第三空間、居家辦公、傳統辦公之間的市場占比比例預計為4：1：1：4。
- 未來企業選擇辦公室不會是「選區位→選物業→選設計裝修公司→購買水電、網路、電話、購買家具、電器、設備→退租→搬運、處理家具設備等物品→復原→電話遷址」的老規程了，而是「選區位→選共享辦公品牌→選空間→退租」。

二、疫情・危機・改變

- 新冠疫情使居家辦公成為一段時間的唯一辦公模式，使得企業開始重新思考、衡量到底該如何選擇辦公室，從而快速推動了所有企業對共

第五章 「學習與思考」創業心得摘錄

享辦公空間的了解、關注和認同。共享辦公空間的靈活、便捷所帶來的低風險、低費用未來將會深入人心。

- ZOOM、SKYPE、GOOGLE MEET 等線上平臺在疫情期間一定會被廣泛應用，因為居家辦公，無法見面。但這些工具在疫情之後，只能是無法見面或無法及時見面的情況下的一種交流工具，只是有效的補充，絕不可能成為主導。

- 人類的天性是群居生活。疫情使社交暫時中斷，短時期內，人們會喜歡居家辦公。時間一長，就會出現孤獨、寂寞、焦慮、螢幕疲勞和士氣低落等情況，這是正常現象。隨著疫情結束或疫苗普遍接種，人們必然重新回到辦公室、聚餐、酒吧，並出差、度假。

- 新冠疫情永續時間之長、影響範圍之廣是前所未有的，由此帶來的居家辦公使許多企業開始思考為什麼需要現在這樣的傳統辦公室？而共享辦公空間的靈活、便利及其所帶來的經濟價值，開放空間及其帶來的社區價值，專業的生態設計、室內設計及其帶來的美感和生態價值，已經被越來越多的企業認同並接受。

- 新冠疫情雖然百年不遇，但今後是否會再次出現，很難斷定。所以，需要思考應對之策。首先是業主的篩選和物業租賃合約，合約中要明確不可抗力的應對措施，明確業主方面對不可抗力應給予的租金減免條款。同時，客戶的篩選，要選擇實力較強、重合約守信譽的租戶。再者，空間中也要使用可以滅殺細菌、病毒的產品和設備，能夠有效控制交叉傳染。

- 危機隨時可能發生，害怕沒有用。凡事豫則立，不豫則廢。要主動了解各種危機的發生機理和應對辦法，這樣才能防範危機並化解危機。

- 在共享辦公行業，那些林林總總的噱頭已經無法激發客戶和投資者的熱情，那些不計成本的做法都難以為繼。淘汰將成為潮流，整合將力不從心。後起之秀會穩步發展，行業會進入「生態定位和理性定價」的新時期。

三、科技‧資訊化

- 科技及其產品的廣泛應用一定會對人們的工作、生活方式帶來影響，但這些影響的根本是讓人們釋放出更多的時間來進行面對面的互動 —— 生活的互動和工作的互動。正如汽車、火車、飛機的廣泛應用使人們更容易見面了，而不是相反。人是群居性動物，人渴望與人待在一起，哪怕是陌生人，這是人性使然。任何科技只有符合人性才能被廣泛使用，長期、廣泛的遠距辦公對員工、對企業都是有害無益的。
- 數位科技無法改善員工的辦公環境，也難以提升員工的身心健康。人性化體驗可以暫時影響員工的情緒，但無法讓員工長期處在身心愉悅、充滿活力的健康狀態。
- 身心健康是一體的，只關心心理健康是片面的，我們需要生態健康的環境，身心健康的體魄，身心愉悅地工作。
- 網際網路為基礎的資訊化時代，企業會出現小型化的趨勢，自由工作者就是最小規模的企業。因此，共享辦公空間將大行其道。
- 如果網際網路使企業變得小型化的趨勢不會改變，那麼共享辦公空間中的獨立辦公室就要變小、變少，取而代之的是各種風格且可以隨意拼接調整的公共休閒區域和各種類型的會議室，因為各個公司使用物理空間的目的是組織員工的活動和會議。

第五章 「學習與思考」創業心得摘錄

- 支援遠距辦公的軟體和硬體肯定會進一步發展，但是，這些工具的發展不會帶來居家辦公的興盛，而是帶來除家庭之外的咖啡館、共享辦公空間等非居家辦公的成長。
- 網際網路及其科技產品只是工具，不僅無法取代人與人面對面地溝通，而且科技進步只會使人騰出更多的時間進行面對面的生活與工作的交流互動。

後記

2008年12月，我大病初癒，好朋友王仁號為了讓我散散心，就邀請我去馬爾地夫旅遊。這是我第一次出國，也是第一次落地新加坡。雖然沒有入關進入新加坡市區參觀遊覽，只是在樟宜機場的T3航廈中轉休息，但現代、時尚、溫馨的T3航廈深深地吸引了我。我們兩人仔細欣賞著T3航廈裡的一切，品嘗了當地美食和南洋咖啡。那是一次新奇難忘的體驗，也是一次感受真摯友誼的旅行。當時，我就想：什麼時候能夠到新加坡來一次深度的觀賞旅遊，花園城市一定美不勝收。

2010年7月，我隨某會計師事務所總裁梁春參加南洋理工大學公共管理學院管理經濟學碩士的畢業典禮。我終於來到了新加坡，坐在計程車裡，目不暇接且欣喜地看著車窗外的一切，機場高速公路兩側的雨樹真的像極了一把把撐開的大傘，為人們遮陽避雨。真是前人栽樹後人乘涼，那時我已讀過新加坡建國總理李光耀先生的中文版自傳，此情此景，對李光耀先生及建國一代的敬佩之情油然而生。我和梁春總裁住在了南洋理工大學的校園裡，南大校園高低起伏，參天大樹鱗次櫛比，簡直是坐落在森林中的生態大學。那次雖然行程很短，但南洋理工大學花園般的校園、可歌可泣的華裔館以及井然有序、溫馨熱鬧的畢業典禮讓我留下了深刻的回憶。在回程的飛機上，我就對梁春總裁說：「梁哥，我也想讀您的這個課程，想體驗這樣的校園生活，請您一定幫忙推薦。」

2011年2月，我如願來到新加坡南洋理工大學就讀管理經濟學碩士課

後記

程，開啟了為期一年的住校讀書。雖然我從高中就住校讀書了，但住在如此美妙校園中的南大湖畔宿舍真的是從入學一直激動到畢業。每天在鳥語花香中，我不由得詩興大發，在《南大湖畔》發表了不少作品，課程組的文泉老師還蒐集整理了一些文稿編輯到了新生手冊中。2012 年 7 月，我參加完南洋理工大學的畢業典禮後，就立即到新加坡國立大學商學院報到，又開啟了為期兩年的 EMBA 課程。我之所以連續讀了兩個碩士課程，是因為當時大部分鋼廠的銷售公司、國際貿易公司都在推行直供模式，給予貿易商的價格優惠和資源量都嚴重縮水，而且許多鋼廠已經在海外設立銷售機構，包括東南亞的新加坡、馬來西亞、雅加達、曼谷等地，如果沒有大量資金和一手貨源，鋼鐵貿易只能在最熟悉的地方縮小規模來做直供，做庫存分銷，風險極高。鋼鐵貿易商高歌猛進的機遇期已經結束，未來做什麼，一片茫然。

　　新加坡國立大學 EMBA 課程的校友企業參訪活動，引導我找到了二次創業的方向，隨著老師、同學、校友們一次又一次的腦力激盪、爭論，甚至爭吵，隨著一次又一次陪同老師和校友深度參訪某生態集團，隨著一次又一次地對印尼、馬來西亞、泰國、緬甸進行市場考察和調查研究，我茫然的心漸漸平靜了，對未來的事業定位也漸漸明晰了。從耳聞到目睹到親歷，歷時五年多，我開始對新加坡及東南亞市場的營商環境有了清晰的認知，開始對自己內心的渴望有了更加深刻的了解，開始對自然環境、室內環境、ESG 等領域有了濃厚的興趣，也開始喚醒了我沉寂五年多的創業熱情。於是，我下定決心，要做就做皆大歡喜的生意，要做就做利國利民的事業。

　　2016 年 4 月，我的二次創業正式啟航。此後，我用了近一年的時間才重新找回第一次創業時那種忙裡偷閒的充實，也重拾不知疲倦的創業勁頭。

二次創業至今，O2WORK 獲得了新加坡建設局室內環境綠標認證超金獎，也獲得了聯合早報、華匯期刊和 EDGEPROP 的專題報導，現有的 ODEON TOWERS 和 COLLYER QUAY CENTRE 兩個生態共享辦公空間的入住率均已超過 92%。SINGRASS 室內智慧生態系統已申請註冊 11 項專利，並已獲得 7 項授權。面對所有的成績，我要感謝劉珍妮、王峰才兩位創業夥伴，沒有他倆六年多如一日與我同心協力，沒有他倆的耐心提醒和堅定支持，我不知道會犯多少錯誤，也不知道是否會撐到今天。我要感謝南洋理工大學的吳偉博士、孫敏炎主任、陳健昌副主任、陳紹祥教授、陳光炎教授、王航副院長、閻黎博士和孫俠、沈曉鶴、張維齊等校友，我要感謝新加坡國立大學的梁慧詩副教務長、傅強教授、張俊標教授、程天富教授、錢文瀾教授、李秀平副教授、楚軍紅副教授、張均權副教授，還有江培生、羅剛、聞掌華、許躍、胡建成、張澤宇等各位同學，我要感謝新加坡管理大學耿旭生教授，新加坡新躍社科大學的原教務長徐繼宗教授、葉敏盛博士，是各位老師、校友和同學的永續關注、指導、支持、鼓勵，給了我源源不竭的動力和靈感。我還要感謝新加坡中華總商會高泉慶會長、新加坡製造商總會陳展鵬會長、新加坡現代企業管理協會杜希仙會長及前任會長郭觀華先生、薛寶金會長、李良義會長和執行會長胡軍輝先生等，是他（她）們的永續鼓勵使我執著向前。

　　ESG、減少碳足跡、碳達峰、碳中和、綠色可永續發展，已成為全球的未來趨勢和人類的共同訴求。面對新加坡政府為了實現「2030 年新加坡綠色發展藍圖」連續推出的室內 CO_2 濃度控制、正視室內甲醛汙染、關注綠建築的室內環境健康等指導性法令，以及香港推出的《香港清新空氣藍圖 2035》，我激動的心情難以言表。許多朋友說，你真厲害，趕上了風口。可是只有我和兩位創業夥伴明白，2017 年時，當我向朋友、客戶介紹

後記

O2WORK 要打造「綠色、自然、低碳、宜居」的生態辦公空間時，絕大部分人覺得這個人是不是有毛病，共享經濟時代、網際網路資訊時代、5G 智慧時代，怎麼想起用植物群落建植來做室內環境的綠色可永續。殊不知，工業化對地球帶來的全方位深度破壞還遠沒有得到改善修復，城市化帶來的室內空氣汙染已經悄然傷害著上班族的身體健康，呼吸系統過敏、皮膚過敏，甚至連嬰幼兒的血癌等都與室內空氣汙染有關。

時至今日，大眾對於室內環境汙染、室內空氣汙染、病態建築症候群，對於綠植進入室內環境中依靠照明燈幾乎無法進行光合作用，對於葉菜的光合作用需要高濃度 CO_2，對於葉菜的葉片和根鬚可以吸收降解轉化甲醛等與我們工作、生活、活動的室內環境密切相關的知識知之甚少。室內空氣汙染是隱形殺手，已嚴重危害上班族的身體健康。因此，我決定把自己六年來累積的文稿編輯出版，與大家分享我逐綠獅城的酸甜苦辣。這是為了激發更多的創業者投身於改善室內環境的事業之中，也是為了讓大眾了解都市高樓大廈中室內環境的廬山真面目。

ESG 關係到全人類的未來，無論是戶外環境還是室內環境，環境健康才是真正的大健康。

2030 年已不再遙遠，SINGRASS 願與產學研各界積極互動，密切合作，共築表裡如一的綠建築，共享綠色宜居的室內空間。

逐綠獅城，落地生根！新加坡的環保創業實錄：

在都市叢林中開創生態未來，ESG 背景下的企業轉型與發展

作　　　者：	李瑞武	
發 行 人：	黃振庭	
出 版 者：	財經錢線文化事業有限公司	
發 行 者：	財經錢線文化事業有限公司	
E - m a i l：	sonbookservice@gmail.com	
粉 絲 頁：	https://www.facebook.com/sonbookss	
網　　　址：	https://sonbook.net/	
地　　　址：	台北市中正區重慶南路一段 61 號 8 樓	

8F., No.61, Sec. 1, Chongqing S. Rd., Zhongzheng Dist., Taipei City 100, Taiwan

電　　　話：	(02)2370-3310
傳　　　真：	(02)2388-1990
印　　　刷：	京峯數位服務有限公司
律師顧問：	廣華律師事務所 張珮琦律師

-版 權 聲 明-

本書版權為新加坡玲子傳媒所有授權崧博出版事業有限公司獨家發行電子書及紙本書。若有其他相關權利及授權需求請與本公司聯繫。

未經書面許可，不得複製、發行。

定　　　價：350 元
發行日期：2024 年 09 月第一版
◎本書以 POD 印製
Design Assets from Freepik.com

國家圖書館出版品預行編目資料

逐綠獅城，落地生根！新加坡的環保創業實錄：在都市叢林中開創生態未來，ESG 背景下的企業轉型與發展 / 李瑞武 著 .-- 第一版 .-- 臺北市：財經錢線文化事業有限公司，2024.09
面；　公分
POD 版
ISBN 978-957-680-987-3(平裝)
1.CST: 企業管理 2.CST: 綠色企業 3.CST: 永續發展 4.CST: 新加坡
494　　113012694

電子書購買

爽讀 APP　　臉書